管理者的工具书

安全观察与沟通实用手册

中国石油天然气集团公司安全环保与节能部 ◎ 编

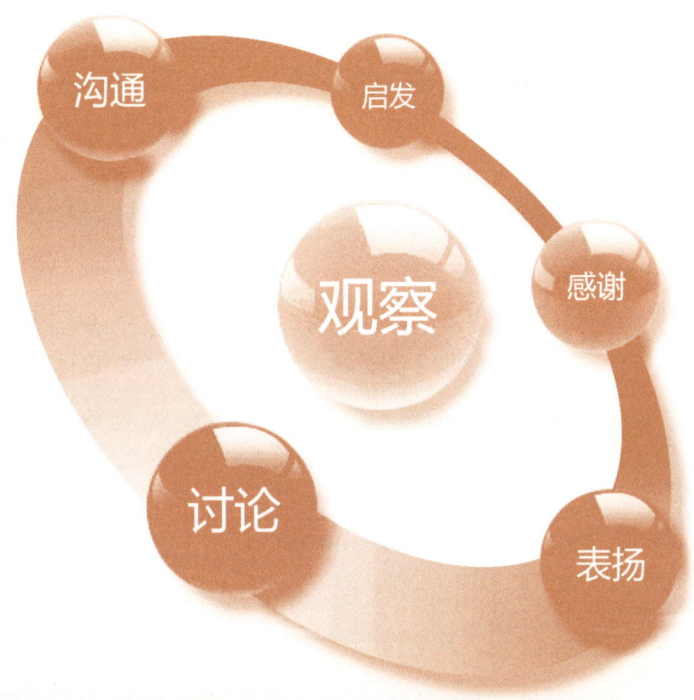

石油工业出版社

内 容 提 要

本手册从安全观察与沟通的由来、理念和原则入手，采用"自我研习"、"团体讨论"、"在职训练"和"自我测试"相结合的新方式，辅以名言警句，深入浅出地介绍了安全观察与沟通的具体理念、流程、步骤、内容和方法，重点介绍了安全观察与沟通实施过程中的具体要求和实用技巧，在不失理论性的同时，具有很强的趣味性和实用性。本书适合作为提升各级领导干部必备管理技能的工具书。

图书在版编目（CIP）数据

安全观察与沟通实用手册/中国石油天然气集团公司安全环保与节能部编．
北京：石油工业出版社，2012.5
ISBN 978-7-5021-9031-6

Ⅰ．安…
Ⅱ．中…
Ⅲ．石油工业-安全管理
Ⅳ．TE687

中国版本图书馆 CIP 数据核字（2012）第 076393 号

出版发行：石油工业出版社
    （北京安定门外安华里 2 区 1 号 100011）
  网 址：http://www.petropub.com
  编辑部：（010）64240656 图书营销中心：（010）64523633
经 销：全国新华书店
印 刷：北京中石油彩色印刷有限责任公司

2012 年 5 月第 1 版 2019 年 6 月第 5 次印刷
710×1000 毫米 开本：1/16 印张：14.75
字数：218 千字

定价：45.00 元
（如出现印装质量问题，我社图书营销中心负责调换）
版权所有，翻印必究

编委会

主　任：贺荣芳

副主任：吴苏江　邹　敏　黄　飞　周爱国

委　员：王洪涛　付建昌　吴　奇　沈　钢　金安耀
　　　　丁建林　黄永章　赵业荣　杨时榜　钟裕敏
　　　　闫伦江　王学文　邱少林　饶一山　郭喜林
　　　　卢明霞　张广智　杨光胜　刘景凯　宋　军

编写组

主　编：邱少林

副主编：韩文成

编写人：谢国忠　李　毅　崔秋凯　翟智勇　田国发
　　　　尹　旭　王以朗　张聪敏　魏云峰　宋　伟
　　　　汤规成　刘凤章　王　铁　王　戎　胡月亭
　　　　单宝坤　王国成　孙红荣　高亚青　申伟平

序

安全工作是中国石油的"天字号"工程，各级领导干部是这片安全蓝天下的"擎天柱"。领导干部在安全工作中起着承上启下的表率作用，同时也是安全工作的领军人物，其一言一行对广大员工有着无形的感召力、示范力和影响力。因此，企业的安全工作不仅需要广大员工的积极参与，更需要领导干部以身作则，发挥表率作用。

安全观察与沟通是一种管理的方法、沟通的技巧和领导的艺术，是各级管理者履行安全职责、践行有感领导、实现领导承诺的必备技能。各级管理干部应充分认识到，学习和掌握安全观察与沟通的理念、原则和思想精髓及其运用方法和技巧，是实现"转变观念、提升能力、养成习惯"的重要途径。

安全观察与沟通的实质就是各级领导干部平等地与员工一起讨论安全问题，通过积极而正面的行动，强化安全行为和纠正不安全行为，提升员工的安全意识，营造一个人人谈安全、人人重视安全的企业氛围，进而形成全体员工共同的价值观，培育良好的企业安全文化。

企业安全文化是企业的核心竞争力之一，是企业可持续发展的源泉。安全文化是一种以人为本的文化，安全观察与沟通的有效实施，依赖于一定的企业安全文化氛围；同时，它也是建设企业安全文化的强有力推动者。希望各级领导干部都能积极行动起来，学习好、利用好这本手册，积极投身到安全观察与沟通活动中，从细节入手、以身作则、率先垂范，通过个人良好的安全行为和实际行动，开创和引领安全管理工作的新局面、新风尚，以实现安全环保形势的根本好转，为中国石油长治久安奠定坚实的基础。

2012年5月23日

前言

安全观察与沟通是中国石油在近几年 HSE 管理体系推进过程中引进的一种重要的管理工具和方法，是落实有感领导、展现领导承诺的一种有效手段。通过其实施，可以激励和强化安全行为，及时发现和纠正不安全行为，避免伤害和事故的发生。它提供了双向沟通平台，可对员工行为进行干预，提高员工的安全意识，营造安全文化氛围；通过对观察结果的统计分析，可了解安全管理运作良好的部分，识别管理中的薄弱环节，建立安全预警机制，为持续改进提供依据。

自 2009 年安全观察与沟通管理规范发布以来，很多企业已经积极开展了安全观察与沟通活动，也有一些企业取得了良好的成效。从目前的实践效果来看，这种方法比较受基层员工欢迎，但与此形成对照的是各级管理者参与的热情并不高。大部分领导干部对安全观察与沟通的理解上还存在一定的偏差，对其实质和精髓，以及所体现出的管理理念没有真正领悟；执行安全观察与沟通时还存在很大的困惑，对安全观察与沟通的步骤、内容、方法和技巧还没有真正理解和掌握。同时，很多企业在安全观察与沟通的策划、组织、安排等方面，以及结果的统计运用方面还存在很多的问题。

鉴于以上情况，本手册结合安全观察与沟通管理规范，从安全观察与沟通的由来和理念出发，深入浅出地介绍了安全观察与沟通的具体流程、步骤和内容，重点介绍了安全观察与沟通实施过程中的具体要求和沟通技巧，以及存在的主要问题等。主要内容如下：

◆ 从杜邦公司的安全管理入手，简要介绍了杜邦"STOP"系统的起源和发展，以及所体现出的重要管理理念和安全观察与沟通的基本要求。

◆ 全面系统地介绍了安全观察与沟通的工作流程和步骤，重点突出了现场观察与沟通的要求、方法和技巧。以案例、问答和讨论的形式，强化对关键内容的掌握。

◆ 详细阐述了安全观察与沟通的主要内容，包括人员的反应、人员的位置、个人防护装备、工具和设备、程序、人体工效学、整洁七大方面的相关内容及正面交谈的示例，同时配以典型案例、问题和练习，力求让读者深刻理解相关内容。

◆ 重点介绍了安全观察与沟通实施过程中的相关组织要求，包括安全观察与沟通的责任与组织、工作计划的编制、在实施过程中可能遇到的问题，以及安全观察与沟通结果的统计与应用等。

◆ 突出强化了安全观察与沟通的沟通技巧，包括技巧的自我测试和改进、沟通的基本原则和态度、有效沟通的技巧、人际风格沟通技巧以及沟通视窗的运用等内容。

沟通不仅是一种技巧，更是一门艺术，艺术贵在精，精存于心。沟通，它是一种能力，并不是一种本能。它不是天生具备的，而需要我们后天培养，需要我们去努力学习，努力实践。沟通，是一个管理者最重要的管理技能之一，管理者要履行好自己的安全职责，就必须掌握良好的沟通技巧，这也将使你在工作、生活中游刃有余。

本手册突破以往纯理论式的"说教"模式，主要以"自我学习、问题解答、团体讨论、现场实践"为主，辅以"自我测试"和"改进计划"，采用"理论、实例、练习、测试、讨论、实践和改进"相结合的方式，力求读者能通过本书的使用，形成"学中练、练中做、做中学、学中进"的新模式，在不断总结和回顾前面所学的知识和技巧的基础上，展开下一部分内容的学习。

本手册通过深入浅出的语言，采用第一人称的写作手法，借以翔实丰富的实战练习，并穿插大量名言警语和重要提示，力求通过中国传统文化的视角来重新认识安全观察与沟通这一工具方法，使本书极富哲理性、实用性、趣味性和可读性，也更加符合国人的思维方式和行为习惯。阅读时会感到有一位老师、一名挚友时刻陪在你身边和你倾心交流。书中特别强化了观念的提升、态度的转变和技巧的改善，能够使各级领导干部真正理解安全观察与沟通的思想精髓，真正掌握其方法和技巧。

在本手册编写过程中北京中油东方诚信认证咨询有限公司承担了主要任务，有关各方也给予了大力支持和积极参与，在此特表谢意。本手册在编写过程中参阅了大量国内外文献和杜邦公司有关资料，在此对原著者深表感谢。由于安全观察与沟通的实践性和技巧性很强，加之编者水平有限，难免存在疏漏之处，敬请读者批评指正。

编 者

2012 年 4 月

安全基本理念

- 所有的伤害及职业病都是可以预防的。
- 安全是每个员工的责任，更是所有管理人员的责任。
- 把安全当作一项价值，而不是一个任务去对待。
- 安全是通过你的行动体现对生命的尊重。
- 安全与生产、经营、成本和人事同等重要。
- 肯定、加强安全行为和指出、纠正不安全行为同样重要。
- 安全观察并非为了抓住正在进行不安全作业的人。
- 安全观察与沟通是非惩罚性的，必须与纪律和惩罚分开。
- 如果员工行为没有实质改变，所有安全活动都是纸上谈兵。
- 意识决定行为,透过行为看意识,通过沟通干预行为提高意识。
- 员工无论在上班时，还是在下班后都要注意安全。
- 工作场所从来都没有绝对的安全，伤害事故是否发生取决于工作场所中员工的行为。
- 管理最终决定员工行为，这是一个自上而下的过程，安全应从最高领导开始，人人参与。
- 对员工安全行为的最高期望值决定于你所设立和保持的最低标准。
- 你属地内的任何员工、来访者、承包商在责任上都是"你的员工"。
- 如果我们总以过去的方式做事，那么得到的结果总是同过去的一样。

目录

引　言 ·· 1

第一章　安全观察与沟通概述 ············ 5

第一节　从杜邦的安全管理说起 ······ 6
- 杜邦的安全发展史 ······················ 6
- 杜邦的企业安全文化 ···················· 8
- 引导成功的核心价值 ···················· 9

第二节　认识杜邦的 STOP 系统 ········11
- 造成伤害的主要原因 ····················11
- 强调非惩罚性原则 ······················15
- STOP 的工作流程 ······················16

第三节　安全观察与沟通的步骤 ········17
- 安全观察与沟通"六步法" ············18
- 人本管理理念的体现 ····················19
- 安全观察与沟通的作用 ················21
- 本章问题讨论 ···························22
- 本章问题解答 ···························23

第二章　安全观察与沟通的流程 ········ 24

第一节　准备 ································25
- 你的安全责任 ···························25
- 让安全拥有同等重要地位 ············26

- ■ 设定较高的安全标准……………28
- 第二节 观察……………30
  - ■ 锁定观察目标……………30
  - ■ 克服不良习惯……………31
  - ■ 整体观察技巧……………32
  - ■ 指出安全及不安全行为……………35
- 第三节 沟通……………36
  - ■ 鼓励和表扬安全行为……………37
  - ■ 纠正和讨论不安全行为……………39
  - ■ 沟通并采取纠正措施……………42
  - ■ 如何与人员沟通……………45
  - ■ 采取询问的态度……………51
- 第四节 报告……………53
  - ■ 安全观察检查表……………54
  - ■ 安全观察报告……………57
  - ■ SOC卡片的完成……………58
  - ■ 本章问题讨论……………61
  - ■ 本章问题解答……………62

第三章 安全观察与沟通的内容……………65

- 第一节 人员的反应……………67
  - ■ 关于消失的行为……………67
  - ■ 找寻原因及防止再次发生……………69
  - ■ 本节问题讨论……………76
  - ■ 本节问题解答……………76

第二节　人员的位置 …………………… 77
- 观察人员的位置 ………………………… 77
- 调查伤害原因 …………………………… 78
- 填写安全观察报告 ……………………… 79
- 本节问题讨论 …………………………… 81
- 本节问题解答 …………………………… 82

第三节　个人防护装备 ………………… 82
- 有关个人防护装备 ……………………… 82
- 加强安全工作行为 ……………………… 84
- 使用安全检查表 ………………………… 86
- 完成安全观察报告 ……………………… 87
- 本节问题讨论 …………………………… 90
- 本节问题解答 …………………………… 91

第四节　工具和设备 …………………… 92
- 工具和设备的观察 ……………………… 92
- 采取询问的态度 ………………………… 94
- 如何造成安全与不安全状态 …………… 96
- 本节问题讨论 …………………………… 100
- 本节问题解答 …………………………… 100

第五节　程序 …………………………… 101
- 程序与安全 ……………………………… 101
- 建立安全程序的步骤 …………………… 105
- 本节问题讨论 …………………………… 109
- 本节问题解答 …………………………… 110

第六节　人体工效学 ·················· 111
- 累积性伤害 ·························· 112
- 工作基本尺寸要求 ···················· 115
- 光线与照明 ·························· 117
- 噪声与振动 ·························· 118
- 温度和颜色 ·························· 119
- 本节问题讨论 ························ 122
- 本节问题解答 ························ 123

第七节　整洁 ························ 124
- 审核整洁标准 ························ 124
- 本节问题讨论 ························ 126
- 本节问题解答 ························ 127

第八节　复习与讨论 ·················· 127
- 总练习题 ···························· 128
- 本节问题讨论 ························ 135
- 本节问题解答 ························ 136

第四章　安全观察与沟通的实施 ········ 138

第一节　主管的安全责任 ·············· 139
- 与安全检查的区别 ···················· 139
- 你的安全责任 ························ 141
- 你的安全绩效测试 ···················· 143

第二节　安全观察与沟通的策划 ········ 145
- 组织形式和频次 ······················ 145
- 编制工作计划 ························ 146

- 制定安全行为清单……………… 147

第三节　安全观察与沟通的实施 …… 152
- 随机性安全观察………………… 152
- 计划性安全观察………………… 154
- 可能遇到的问题和挑战………… 156
- SOC 卡片在基层中的使用………… 158

第四节　结果统计与应用 ……………… 159
- 结果收集与公示………………… 159
- 结果统计与分析………………… 160
- 统计分析的注意事项…………… 164
- 分析结果的应用………………… 165
- 几种常用的统计方法…………… 166
- 本章问题讨论…………………… 170
- 本章问题解答…………………… 170

第五章　有效沟通技巧的提升………… 172

第一节　沟通原则和态度……………… 173
- 沟通的原则……………………… 173
- 沟通的态度……………………… 175
- 沟通的再认识…………………… 176
- 你的沟通技能测试……………… 178

第二节　有效沟通的技巧……………… 180
- 如何有效沟通…………………… 180
- 说话的技巧……………………… 183
- 倾听的技巧……………………… 188

- 询问的技巧……………………… 193
- 运用肢体语言…………………… 197
- 表扬的技巧……………………… 202
- 指正的技巧……………………… 205

第三节　人际风格沟通技巧………… 207
- 人际风格的分类………………… 208
- 支配型的特征…………………… 209
- 表达型的特征…………………… 211
- 分析型的特征…………………… 213
- 和蔼型的特征…………………… 214
- 沟通视窗的运用………………… 216
- 本章练习解答…………………… 219

引言

安全观察与沟通（Safety Observation & Communication，SOC）是一种以行为为基准的观察计划，是为各级管理者，上至公司管理层，下至一线主管及班组长特别设计的一种对员工行为进行观察、沟通与干预的系统性管理工具和方法，是各级主管的必备技能。

本手册介绍了安全观察与沟通系统，包括其理念、原则及运用方式。安全观察与沟通系统能够培养观察及沟通技巧，训练你采取积极而正面的行动，帮助员工改变某些工作行为，提高安全意识，以达到安全的目的。通过安全观察与沟通的实际运用，将可以使你工作场所的安全绩效及与员工沟通的能力更上一层楼。

安全观察与沟通实用手册采取循序渐进的训练方式，每次进行一个阶段直到全部完成。安全观察与沟通训练采用四种方法，分别为"自我研习"、"团体讨论"，以及"在职训练"和"自我测试"。重点是如何对员工的行为进行观察，同时发现安全和不安全的行为，以及发现不安全行为后如何进行有效的沟通，使其改正并预防再次发生。

■ 自我研习

本书是互动式的训练手册，其设计目的为：提供学习及训练安全观察与沟通步骤、内容、方法和技巧的最佳途径。

请遵照下列步骤使用本手册：

- ◆ 仔细研读每段叙述并回答问题；
- ◆ 回答问题时，在正确答案上打钩，或在空白处填入答案；
- ◆ 立刻将你的答案与解答核对；
- ◆ 如果你的答案是正确的，继续研读，并回答下一个问题；
- ◆ 如果是错误的，则重新阅读相关章节或段落，找出正确答案，然后划掉错误的答案，写下正确答案。

本手册提供了很多练习题、重要提示和自我测试，以增加可读性和趣味性，并加强关键性理念、方法和技巧学习，你在自我研习阶段可以按自己的步调进行。它是一个很好的基础平台，不断的练习加上自我的复习，使你能够运用学习到的方法和技巧去帮助自己和别人，预防伤害。

■ 团体讨论

团体讨论由你的直线领导或安全观察与沟通指导者（如专业安全管理人员）主持，这是安全观察与沟通训练中的一个重要部分。在手册中每一部分的结尾，你都会找到一些讨论主题，它们可以帮助你为这个团体讨论做准备。

团体讨论让你有机会讨论所学的成果，并与别人进行学习心得的沟通和交流。最重要的是，它可以帮助你与其他人了解，如何将安全观察与沟通方法和技巧应用到实际工作中，为自己也为他人创造一个更加安全的工作环境。

■ 在职训练

安全观察与沟通现场实地的在职训练，可以说是安全观察与沟通训练过程中最有成效的一部分。在职训练让你有机会练习自己所学到的知识，帮助你和他人预防伤害，提升你的主管和属地内的安全绩效。

在这个过程中，它要求你按计划进行安全观察与沟通，并将它融入日常工作中，同时培养你观察与沟通的能力，以强化安全行为与消除不安全行为。这在预防伤害、改善作业现场整体安全状态和提升安全绩效等方面，扮演了相当重要的角色。

联合观察是另一种安全观察与沟通的在职训练。你应该和你的直线主管或专业安全管理人员定期进行联合观察，在联合观察的过程中，可以观察你属地范围内的人员，找出他们安全与不安全的行为。这可以进一步帮助你培养一些可用于执行安全观察与沟通的技巧。

■ 自我测试

本手册的第五章提供了一些沟通技巧和能力的自我测试，你可以在开始学习之前、之中、之后不同的阶段进行多次测试，以检验自己的学习成果，量化自己沟通能力与技巧的提升高度。你可以在每次测试后，有针对性地提出改进计划。

如果在学习本手册前你已经掌握并使用过安全观察与沟通这一方法，你也可以根据学习前的第一次自我测试结果，有针对性地选择本手册的相关章节来研习，以节省你宝贵的时间。

第五章"有效沟通的技巧的提升"，并不是安全观察与沟通训练的必备内容，是在掌握了安全观察与沟通方法后的一种延伸阅读，是沟通技巧的再提升，这部分可以在你持续运用安全观察与沟通一定阶段以后，再来研读，你会得到更深的体会与提升。

■ 带来的效果

如果你遵照安全观察与沟通的做法，你就能看到：

- ◆ 伤害及意外事件减少 50%~60% 以上；
- ◆ 事故赔偿或损失成本降低；
- ◆ 员工安全意识提升；
- ◆ 双向沟通技巧改善；
- ◆ 督导及管理技巧提升；
- ◆ ……

从现在开始，就让你和你的团队立刻行动起来，学习和使用安全观察与沟通系统，成功创造公司的安全奇迹吧！

通过本手册的学习，你将能够：

- ◆ 领悟安全观察与沟通的基本理念与原则；
- ◆ 认识安全观察与沟通的优点和作用；
- ◆ 明白安全观察与沟通中的每一个步骤；
- ◆ 知道如何去观察安全和不安全的行为；
- ◆ 了解强化安全作业行为和纠正不安全作业行为的重要性；
- ◆ 掌握如何采取行动以强化安全行为或纠正不安全行为的技巧；
- ◆ 明确如何采取措施以防止不安全行为再次发生；
- ◆ 真正领会和掌握与下属进行沟通的方法和技巧。

第一章 安全观察与沟通概述

"安全观察与沟通"（SOC）是起源于美国杜邦公司、现已被很多国际大公司所采用的一种安全管理方式。在国内外不同的公司它有不同的名称，如美国杜邦公司称为"安全培训观察程序"（STOP）英国BP公司称为"安全行为路径"（BBS），英荷壳牌公司称为"事故控制卡"（ACT），日本住友公司称为"伤害预知预警活动"（KYT），德国拜耳公司称为"行为观察活动"（BO），美国道氏公司称为"基于行为的绩效活动"（BBP），德国巴斯夫公司称为"审计帮助行动"（AHA）。

当今安全界，"STOP"和"杜邦"可以说是安全至上的代名词，STOP的广泛运用也取得了辉煌的成果。无论任何组织，不管规模大小，都能从STOP中获益。为什么STOP能有如此惊人的成效呢？那是因为STOP所依据的原则与技巧，让杜邦公司在安全方面，居于世界领先地位。STOP训练的成果显著，相信它也能为你和你所在的组织创造相同的成果。

第一节　从杜邦的安全管理说起

杜邦公司（du Pont）由法裔移民 E. I. 杜邦于 1802 年在美国特拉华州创立，开始以生产黑火药为主，到 1880 年为止，黑火药一直是其主要产品。经过 200 多年的发展，杜邦公司现已成为世界上历史最悠久、安全绩效最优、业务最多元化的跨国科技企业之一。

杜邦公司目前保存着自 1911 年以来的安全记录，其事故发生率统计见图 1-1。这些记录体现出安全操作水平随着杜邦公司的不断发展而得到显著改进。杜邦公司的安全记录优于美国其他工业企业 30 倍，杜邦公司的员工在工作时比他们在家里还要安全 10 倍。

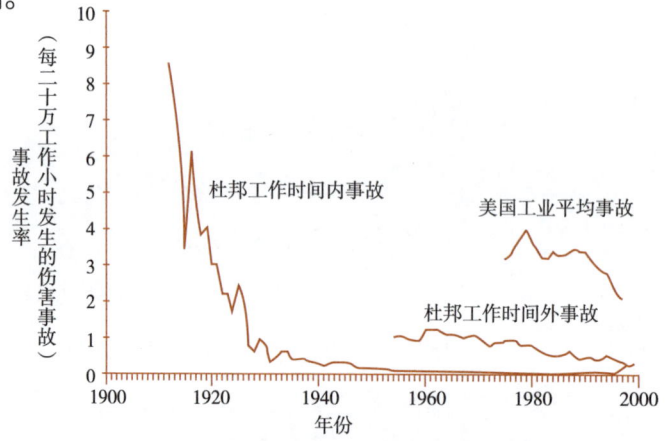

图 1-1　杜邦公司近百年事故发生率统计

注：（1）1914—1918 年事故发生率上升反映了第一次世界大战期间杜邦超常规扩大生产以及使用新工人带来的结果；

（2）类似的情况也发生在第二次世界大战期间，但相比"一战"时期好得多；

（3）从 1998 年开始将人机功效的数据含在统计数据中。

■ 杜邦的安全发展史

杜邦公司优良安全业绩的创造，与其在"火药生产商"阶段曾经遭遇的爆炸、着火等血的教训有关。安全是为了保证生存，在生存的基础上才能谈到发展。

1811 年，杜邦公司建立第一套管理层对安全的负责制，规定"在最高管理层亲自操作之前，任何员工不允许进入一个新的或重建的工厂"，强调各级生产管理者对安全负责和员工的参与。即安全生产必须由生产管理人直接负责，从总经理到厂长、部门责任人到班组长对安全都是直线负责，而不是由安全部门负责。

1812 年，杜邦公司成为世界上最早制定安全制度的公司，明确规定："进入工场区的马匹不得钉铁掌，马蹄都用棉布包裹，以免马蹄撞击其他物品产生火花，引起爆炸。"

1895—1900 年杜邦公司引入了更多的安全管理规定。例如，所有机器的转动部分都必须有安全防护设施；楼梯和空中走道都必须安装扶栏；操作化学品时必须使用各种个人防护用品。这些安全管理规定以文件形式被传达给所有杜邦公司工作人员（包括管理者）。

1907 年杜邦公司向公司所有工作人员颁发了一本"急救手册"，以宣传急救知识，提高员工的急救技能。

1911 年杜邦公司成立了专门队伍来研究引进各种各样的安全设施和起草安全管理规定；在各生产部门成立了"事故预防委员会"；设立了杜邦历史上第一个"安全经理"职位。

1912 年，杜邦公司建立了安全数据统计制度，开始通过安全数据统计，分析安全管理缺失，在公司层面上采取相应的改进措施。安全管理从定性管理发展到定量管理。

20 世纪 40 年代，杜邦公司提出"所有事故都是可以预防的"理念。因为在这之前的 100 年发展中，很多人认为事故总是要发生的，我们只是推迟它的发生，不能避免它的发生。杜邦公司认为，一定要树立所有事故都是可以预防的理念，因为事故是在生产过程中发生的，而随着技术的进步、管理的提高、人的重视等，这些事故一定是有办法预防的。

20 世纪 50 年代，杜邦公司推出"工作外安全预防方案"，对员工的安全教育变成了每周 7 天和每天 24 小时的要求，把安全理念延伸到工作外的日常生活中，工作外的安全事故也计算在安全数据统计制度中。杜邦公司认为员工在 8 小时外受伤对安全的影响，与在 8 小时内受伤对安全的影响实质上没有区别，对公司造成的损失都是一样的。杜邦想方设法让员工积极参与各种安全教育，如旅游如何注意安全，运动如何注意安全，家庭用气如何注意安全等。

> **重要提示** 杜邦公司将安全与家庭观念相结合，安全不仅与工作相连，也与日常生活相融。

20 世纪 60 年代，杜邦公司开始推行"工艺安全管理"（PSM），所有管理人员、雇员和承包商都为工艺安全管理的成功实施负有责任。PSM 体系初期的启动必须由管理层来组织和领导，但在实施和改进中雇员必须充分参与进来，因为他们是对工艺过程了解最多的人，必须由他们来执行建议和变更。内部职能部门和外部顾问专家组可以针对特定领域提供帮助，但工艺安全管理从本质上来说是生产管理部门的职责。

20 世纪 70 年代，杜邦公司推出"安全审核和沟通技能专业培训课程"，开始推广使用 STOP 系统。本手册将为大家专门介绍这一类似方法在中国石油的使用。

20 世纪 90 年代，杜邦公司提出"零目标"，是全球第一家追求"零目标"的企业，其认为一切事故都可以避免，力求达到**零伤害、零疾病、零事故**的终极目标。

杜邦是全球安全行业的领军人物，它是最早为生病和受伤的工人聘请医生的企业之一，它最早提出了安全生产的理念和流程，最早开始统计工作内和工作外的安全事故，并开创了为不幸罹难的员工家属提供养老金的先例。在 20 世纪 90 年代，杜邦公司在企业环保业绩和可持续发展创新方面一直处于领导地位。在逐步停止使用氟利昂以及开发环保型替代产品的过程中，杜邦公司的领导作用有目共睹。

■ 杜邦的企业安全文化

随着杜邦公司业务范围的不断扩大，杜邦的管理者意识到建立起良好的企业安全文化的重要性，而这种文化的建立最初是通过以下活动实现的：

杜邦公司认为：所谓安全文化，就是安全理念、安全意识、价值观以及在其指导下的行动。

◆ **管理者的承诺和有感领导。**所有安全管理规定总是自上而下从最高管理者开始实施，管理者必须在工作人员中树立遵守安全管理规定的榜样，同时必须在实施安全规定的过程中提供资源保障。杜邦安全文化的实质是全员参与安全管理，这种企业安全文化的基础是各级管理层的大力支持，并且以自身的行动向所有员工展示管理者对安全的重视。

◆ **采用直线安全管理方式。**从安全管理架构上充分体现了"直线责任"的原则，明确各业务部门对安全管理规定的执行和管理职责。杜邦公司的专职安全人员大多是从各个领域选拔出来的具有实际生产和管理经验的优秀管理人员，负责宏观安全管理的组织、策划、评估和技术支持等工作，是公司内部安全管理事务的"顾问"。杜邦公司安全管理措施的落实采用直线管理责任制，每一个业务部门的经理对所管辖区域和人员的安全负有责任。安全管理规定的执行以及执行过程的检查职责由各业务部门来承担，而不是由安全部门去检查其落实情况。

◆ **建立属地化的全员安全管理模式。**与现场操作相关的安全管理程序的制订必须从下而上，并有操作工人参与；对安全管理措施提出改进意见的员工要进行奖励，哪怕这种建议在现实中比较难以采纳。

通过 200 多年的发展，杜邦公司已经形成了全员参与的安全管理文化。杜邦公司的所有工厂都有定期的全员参与的安全检查。在杜邦工厂，每个安全管理分委员会的成员都有一般员工，这使得一线的操作工人在安全管理方面有充分的发言权。

麦肯锡：安全文化的实质就是做事的方法，再加上思考做事的方法。

■ 引导成功的核心价值

杜邦公司自1802年成立至今，已成为一家以科研为基础的全球性企业。200 年前，杜邦主要是一家生产黑火药的公司；100 年前，业务重心转向化学制品、材料和能源。

9

如今，在杜邦进入第三个百年时，公司致力于创造以科学为基础的解决方案，帮助世界各地的人们生活得更安全和更健康。杜邦公司适应变化的能力和对科学永无止境的探索，使得其在两个世纪的历程中成为世界上最具创新能力的公司之一。然而，面对不断的变化、创新和发现，杜邦公司的核心价值始终保持不变，这就是："**致力于安全、健康和环境，遵循最高的职业操守以及尊重人与平等待人**"。

为什么杜邦公司可以如此稳健地运营生存 200 多年，最重要的一点是公司坚持把安全作为引导企业成功的核心价值观之一。贯穿杜邦多年创新飞跃发展史的永恒基调是杜邦的核心价值，谋求解决困扰人类的安全、环境和制约企业发展的职业道德等这些最基本的难题的办法，犹如哥德巴赫猜想一般，看似简单、貌似容易，实际上，它是根本的问题，是最重要、最有效的解决之道。

在杜邦公司，所有团队中的每个成员都拥有个人安全价值，都必须对自己和同事的安全负责；同时，领导通过关心每一位员工，建立相互尊重、彼此依赖的关系，为安全管理奠定坚实的基础。

在此基础上，杜邦安全原则可具体归纳为以下 10 点：

- ◆ 所有安全事故是可以预防的；
- ◆ 各级管理层对各自的安全直接负责；
- ◆ 所有安全操作隐患是可以控制的；
- ◆ 安全是被雇佣一个条件；
- ◆ 员工必须接受严格的安全培训；
- ◆ 各级主管必须进行安全审核；
- ◆ 发现的安全隐患必须及时改正；
- ◆ 员工的直接参与是关键；
- ◆ 工作外的安全和工作中的安全同样重要；
- ◆ 良好的安全创造良好的业绩。

**杜邦安全理念最重要的一点是公司坚持把安全作为其核心价值观之一。核心价值观是杜邦公司永不动摇的承诺，渗透在公司所有的决定与行动中。所有的团队奖励、个人提升、各工厂在杜邦公司内部的地位与形象等基本上由其安全业绩决定。杜邦内部会公布所有工厂的安全业绩,并进行排名,但不对生产业绩或盈利能力进行排名。所以,从事安全管理的人员都会受到从上到下的尊重。

 STOP 是通过改变管理者的态度与员工的心态,从而建立起良好的安全文化。

STOP 帮助杜邦的管理者把上述安全理念付诸行动。杜邦现在已经成为全球工业安全的标准,安全领域的一面明镜,被所有知名公司争相模仿和学习,其他公司在衡量自己时均以杜邦为参照对象。安全在杜邦公司已经成为一种强有力的文化,渗透到员工日常工作、生活的每一个细节当中。下面就让我们一起认识有着神奇功能的 STOP 系统。

第二节 认识杜邦的 STOP 系统

安全训练观察程序(Safety Training Observation Programme),简称"STOP",是杜邦公司在 20 世纪 70 年代提出的一种安全管理方式,已经被世界大部分石油公司、钻井承包商所采用,下面先让我们初步认识一下"STOP"系统。其中:

◆ S(Safety)——安全;

◆ T(Training)——训练;

◆ O(Observation)——观察;

◆ P(Programme)——程序。

它是一种以员工行为为基准的观察计划,是为各级主管,上至公司管理层,下至一线主管及班组长特别设计的一种对员工行为进行观察、沟通与干预的系统性的管理方法和工具。

■ 造成伤害的主要原因

杜邦公司通过对意外事件的统计分析发现,在伤害事故原因中,不安全行为占

96%，其他因素只占4%，见表1-1。由此可见，绝大多数伤害事故都是由于不安全行为所导致的，这就是为什么STOP要训练你观察员工行为的技能。

表1-1 杜邦意外事件统计结果

导致意外事件的有关因素	伤害比率
个人防护装备	12%
人员的姿势	30%
人员的反应	14%
工具和设备	28%
程序与秩序	12%
不安全行为造成的伤害总数	96%
其他因素造成的伤害总数	4%
合　计	100%

根据表1-1所示的统计结果，请回答下面的问题。

问题1 所有伤害中，只有4%和其他因素有关。如果每个经理、部门主管或属地主管能消除其属地范围内的不安全行为，那么伤害会下降_____%。

这是真的，如果你能消除你的属地范围内的不安全行为，则伤害发生率会下降96%。STOP最关键的就是观察人员的行为，包括安全行为及不安全行为。一个安全的行为是不会将员工本身或其他人员置于可能受伤的风险之中；一个不安全的行为会对员工本身或其他人员造成伤害。

> **重要提示** 安全观察的重点应放在人员及其行为上。

安全行为和不安全行为，总是由人员而不是设备所造成的。这就是为什么一个优秀的观察者虽然观察了作业现场的每件东西，却把重心放在观察人员及其行为上，以确认其是否安全地进行工作。

本手册会循序渐进地将你训练成一个很好的行为安全观察者，你将学会如何系统、有效地观察作业员工，鼓励他们的安全行为，指出他们的不安全行为，你就是在预防伤害，保障安全。

不安全行为（Unsafe Act，UA）和不安全状态（Unsafe Condition，UC）有何差异、有何关联呢？例如，有个人不慎将机油洒到泵房地面上，但是没将它弄干净，这是一种不安全行为。不久,另一位员工在泵房巡检路过油污时滑倒,扭伤了脚,地面上的机油是一种不安全状态,很明显这种不安全状态也是由于不安全行为所造成的。

问题2　导致这个伤害的根本原因是什么?

A. 一个不安全行为

B. 一个不安全状态

现在你了解不安全行为如何导致不安全状态了吗?当然,不安全状态,如溅洒出的东西、没防护罩的机器、没有标识的设备、维护很差的工具等,也会造成伤害。就本质来说,所有不安全状态造成的伤害,几乎都是由于人的不安全行为造成的。

《后汉书》:禁微则易,救末者难,人莫不忽于微细,以致其大。

　　注:隐患刚出现时容易制止,等到了一定程度,再去治理就难了,但人们总是忽视细节,以致小的隐患不断变大。

问题3　下列情形中哪些属于不安全行为?

A. 由停车场到办公室的道路,部分被结冰覆盖

B. 办公室职员将闲置旧桌子推到过道,阻碍了消防通道

C. 机器上的防护罩由于振动哗哗作响

D. 领导干部到安全联系点进行安全检查,未戴安全帽

路边走道部分路面被结冰覆盖、闲置桌子阻碍消防通道及机器上防护罩松动,都是不安全状态,不过它们都是由于那些允许这些情况发生的人员的不安全行为所造成的,几乎所有的不安全状态都可追溯至人的不安全行为。

不安全行为的类型和频率是安全管理现状的尺度,是事故频率的预警信号。

不安全行为(Unsafe Act,UA)和不安全状态(Unsafe Condition,UC)必须被纠正,这是你的安全责任中重要的任务之一,要确实将不安全行为及不安全状态识别出来,只有这样才能真正预防事故的发生。

任何一件事情,如果客观存在着发生某种事故的可能性,不管这个可能性有多小,如果重复去做,事故总会在某一时刻发生。在安全生产中,有些不安全行为在一次或数十次过程中也许不能导致事故。但是,如果总是维持这样做,终究是会发生事故的。

《黄帝内经》：夫病已成而后药之，乱已成而后治之，譬犹渴而穿井，斗而铸锥，不亦晚乎！

注：病倒了才用药，天下乱了才去治理，就像渴了以后再打井，打起仗来再铸造武器，不就太晚了吗？

要避免重伤或死亡事故的出现，唯一的办法就是减少人的不安全行为和物的不安全状态，所以你的安全关注点应该尽量下移，如图1-2所示。

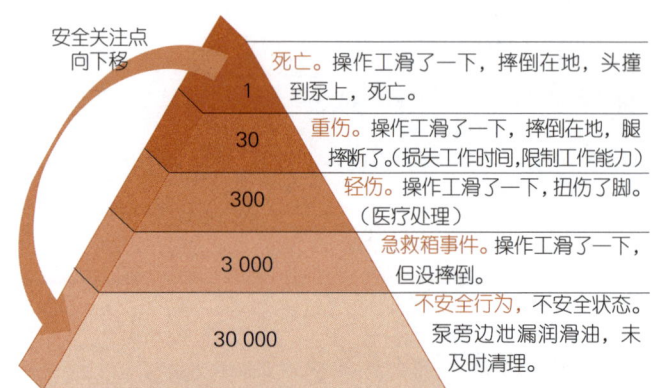

图1-2　不安全行为与事故金字塔

STOP系统可以帮助你实现这一目标。STOP所推广的理念是："**所有的伤害及职业病都是可以预防的**"。你的组织在朝此目标迈进时，你将会扮演举足轻重的角色。

《老子》：其安易持，其未兆易谋。其脆易泮，其微易散。为之于未有，治之于未乱。

注：当事情处于稳定状态下时，容易控制；当事情还没有变得很糟时，容易谋划；当事物很脆弱时，容易被打破；当事物微小时，容易失散。当问题发现得比较超前的时候，处理起来就比较容易。

关于扁鹊的典故

扁鹊三兄弟都从医，有一次魏文王问扁鹊说："你们家兄弟三人，都精于医术，到底哪一位医术最好？"扁鹊答道："长兄最好，中兄次之，我最差。"文王再问："那么，为什么你最出名呢？"扁鹊答道："我长兄治病，是治病于病情发作之前，由于一般人不知道他事先铲除了病因，所以他的名气无法传出去，只有我们家里人知道。我中兄治病，是治病于病情初起之时，一般人以为他只能治轻微小病，所以他的名气只及于本乡里。而我扁鹊治病，是治病于病情严重之时，所以大家以为我的医术高明，名气因此响遍各诸侯国"。

强调非惩罚性原则

STOP 是一组原则及技巧，可用来观察人员的安全及不安全行为，并和他们讨论有关其安全工作的方式。所以无论从哪一种角度来看，STOP 都不应和公司的惩戒制度有任何的关联。

STOP 的基本原则是非惩罚性原则，其目标之一就是由员工探讨自己的行为，了解哪些行为是安全的，哪些行为是不安全的，为何不安全的行为需要加以纠正，从而使他们能更加安全地工作。

问题 4 行为安全观察与沟通是＿＿＿？

A. 具惩戒性

B. 不具惩戒性

如果你属地范围内的人员知道你关心他们的安全，他们将会明白你"观察他们"的目的不是为了抓到他们的不安全行为。当他们相信你是为了他们的安全和利益着想，你就会比较容易达到你所期望的安全绩效。

> **重要提示** 安全观察并非为了抓住正在进行不安全作业的人！

那么处罚制度应该如何执行？安全观察的结果不作为处罚的依据，但以下两种情况，应按处罚制度执行：可能造成严重后果的不安全行为；违反安全禁令的不安全行为。

一旦员工知道其行为会威胁到他人生命安全，或者重复违反某项规定或程序，会将自己或他人的生命置于危险处境时，你就要结束 STOP，而开始实施处罚制度。同时，当你真的需要采取处罚行动的时候，千万别将任何先前的观察牵扯在内。

问题 5 当你看到某个员工明知故犯，将自己或他人的生命置于危险时，你可能需要停止 STOP 程序，而开始实施考核处罚制度。

A. 对

B. 错

身为一个观察者,这时你要运用自己的判断,加上你对这位员工已有的了解,决定何时应该停止观察,而开始实施处罚制度。此时,STOP 就不能再纳入处罚程序之中,因为你要将 STOP 系统和所使用的处罚制度分开。

■ STOP 的工作流程

杜邦公司的 STOP 工作流程包括决定(Decide)、停止(Stop)、观察(Observe)、行动(Act)和报告(Report)五个主要环节,见图 1-3。

图 1-3 杜邦公司 STOP 的工作流程

很有意思的是,杜邦公司的"安全培训观察计划"(Safety Training Observation Program,STOP),"STOP"又有"停止"的意思;壳牌公司的"事故控制卡"(Accident Control Technology,ACT)"ACT"有"行动"的意思,这两个名字的缩写恰恰是工作程序中两个最重要的环节。这样来命名一个行为安全审核制度,非常形象,可以较好地被人理解和接受。

下面,我们做个练习,填写相应的动词完成 STOP 的基本工作流程。

【环节一】

问题 6 首先,你_____进行安全观察,这个环节很重要,因为大部分的人都需要下定决心将安全列入考虑之中。同时,你还需要安排出时间来进行安全观察。

【环节二】

问题 7 下一步,你_____在一个接近员工的地方,观察他在做些什么。要停下来仔细看看他在做些什么。为什么呢?因为如果你只是在经过时瞥一眼,你的观察绝对不会完整。

【环节三】

问题8　然后，以一种周详的、有系统的方法来_____员工，看看这个人所做的每件事，把重点放在安全及不安全的行为上。

【环节四】

问题9　一旦你观察过这个员工，就要有所_____，与员工沟通讨论其不安全行为及后果，就如何安全地工作与员工取得一致意见，并取得员工的承诺。

【环节五】

问题10　在你和此员工谈话后，你要利用一个STOP卡来完成_____，并提交给属地安全部门进行统计分析。

第三节　安全观察与沟通的步骤

安全观察与沟通（Safety Observation & Communication，SOC）是一种以行为为基准的观察计划，是为各级管理者，上至公司管理层，下至一线主管及班组长特别设计的一种对员工行为进行观察、沟通与干预的系统性管理方法和工具，是各级主管的必备技能。

安全观察与沟通是中国石油在近几年HSE管理体系推进过程中引进的一种重要的管理工具和方法，是落实有感领导，展现领导承诺的一种有效手段。通过其实施，可以激励和强化安全行为，及时发现和纠正不安全行为，避免伤害和事故发生；它提供了双向沟通平台，可干预员工行为，提高员工的安全意识，营造安全文化氛围；通过对观察结果的统计分析，可了解安全管理运作良好的部分，识别管理中的薄弱环节，为持续改进提供依据，建立安全预警机制。

■ 安全观察与沟通"六步法"

中国石油在引进杜邦公司的"STOP"方法时,结合中国石油的实际情况,将安全观察与沟通(SOC)分为"**观察、表扬、讨论、沟通、启发、感谢**"六个步骤,简称"**六步法**",如图1-4所示,整个图形像一只在观察的眼睛。只要你继续做你的安全观察与沟通训练,你就会对每个环节了解得更多。

图1-4 安全观察与沟通的步骤

【步骤一】

问题11 ＿＿＿＿＿＿:关注员工行为,决定采取行动,安全地制止不安全行为。注意10~30秒可以消失的行为。

【步骤二】

问题12 ＿＿＿＿＿＿:肯定该员工作业中安全的部分。

【步骤三】

问题13 ＿＿＿＿＿＿:与员工讨论其不安全行为和该行为的后果,以及更安全的作业方法,了解不安全行为的真正原因。

【步骤四】

问题14 ＿＿＿＿＿＿:就如何安全地工作与员工取得一致意见,并取得员工的承诺。

【步骤五】

问题15 ＿＿＿＿＿＿:引导员工讨论工作地点的其他安全问题。

【步骤六】

问题16 ＿＿＿＿＿＿:对员工的配合表示感谢。

杜邦公司的"STOP"工作更侧重于从决定、停止、观察、行动到报告整个的管理工作流程。而中国石油的"安全观察与沟通"除第一步"观察"以外,"表扬、讨论、沟通、启发和感谢"这五步更侧重于采取的交流与沟通的**行动**,细化了与员工沟通的具体方式和内容,这种双向沟通恰恰是我们在传统安全管理中的薄弱环节。

了解安全观察与沟通的步骤和特点,可以让你更加深入理解它的实质与内涵,对你学习和运用安全观察与沟通这个工具是很有帮助的。

■ 人本管理理念的体现

人本管理,简单讲就是"以人为本"的管理,"以人为本"已经纳入中国石油的HSE指导方针。人本管理是现代安全管理的一种理念、指导思想、管理模式。人本管理重新认识人性,强调员工的重要性和在管理中的主体与核心地位。企业由以管理"物"为中心,转变到以管理"人"为中心,这是企业在管理方面实现的重大转变,安全观察与沟通的推行就体现和践行着这种转变。

> **重要提示** 以人为本的管理理念,实际上就是关心员工、尊重员工、依靠员工、引导员工、激励员工、造就员工。

安全观察与沟通体现了以人为本的管理理念在安全管理过程中的贯彻。安全观察与沟通注重员工的行为、可能受到的伤害,以及工作状况和心理特点。不只是关注员工应该做什么,应该怎么做,还要用换位思考的方式,关注员工想做什么,能做什么,会以什么态度去做。并由此发现员工的价值,挖掘员工的潜能,发挥员工的力量。

> **名言警句** 《论语》:夫仁者,己欲立而立人,己欲达而达人。

下面,我们再一次通过安全观察与沟通的"六步法"来审视其中所体现的人本管理思想。

第一步骤:观察。观察者关注员工的行为,而不只是物的不安全状态或只是工作本身，关心的是使员工不要受到伤害而决定采取行动，安全地制止不安全行为。

第二步骤：表扬。采用正面激励的方法激励员工，肯定和表扬员工作业中安全的行为，以使这种安全行为得到良好的保持，并能形成个人良好的工作习惯。

第三步骤：讨论。从他人的角度去了解，在平等、友好、融洽的氛围下与员工讨论其不安全行为和该行为的后果，用提问题来取代直接的要求，启发员工思考安全问题，多听听对方的观点。如可能带来的伤害以及讨论更安全的作业方法，使对方觉得照你的意思去做会有好处。

第四步骤：沟通。尊重员工，以请教的态度，了解出现不安全行为的原因，就如何安全地工作与员工进行沟通，听取员工的意见和心声，理解他的想法和愿望。在取得一致意见的前提下，采取相应的纠正措施，防止同类问题的再次出现。

第五步骤：启发。依靠员工、引导员工讨论工作地点的其他安全问题，培养和提高员工参与管理的意识。引导员工参与管理，挖掘员工的智慧与才能，为企业出谋划策。让他觉得，这主意是他想到的。

> **重要提示** 万事靠引导，你引导别人，别人也会引导你！

第六步骤：感谢。以真诚的态度，对员工的配合表示感谢，多多鼓励，让他觉得这过错很容易改正，增强员工的归属感，营造更为融洽和谐的工作氛围与环境。

你在安全观察与沟通中一定要"以人为本"，通过以人格为基本的"个性"化管理，对员工个人尊严、权益、性格、情感等因素充分肯定和重视，以内因为激励，充分发挥员工所有的技术、才能和经验，从而创造良好的安全效益。

安全观察与沟通的实质就是各级管理者平等地与员工一起讨论安全问题，这就有利于营造一个人人谈安全、人人重视安全的企业氛围，进而形成全体员工共同的价值观，成就了企业安全文化。

> **重要提示** 企业安全文化是企业的核心竞争力之一，是可持续发展的源泉。

安全文化是一种以人为本的文化，安全观察与沟通的有效实施，还要依赖于一定企业安全文化氛围；当然，同时它又是建设安全文化的强有力推动者。

■ 安全观察与沟通的作用

目前，按杜邦公司的企业安全文化各阶段的特征来看（图1-5），中国石油大多数企业还处在严格监督阶段，企业的各级领导者和大部分员工都理解他们在安全管理中的角色，但不是非常熟悉和缺少一致的以身作则的自觉行为，还没有表现出无处不在的有感领导，各级管理者还普遍缺乏有效的安全管理方法和技巧。

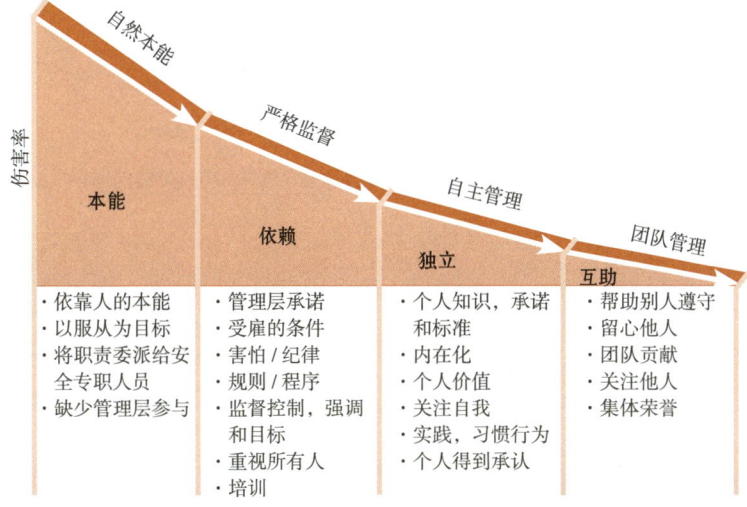

图1-5　杜邦公司安全文化的四阶段特征

处于严格监督阶段时企业已建立起了必要的安全管理系统和规章制度，各级管理层对安全责任做出承诺。但员工的安全意识和行为往往是被动的，依赖于各级管理者的严格监督，表现出的员工安全行为特征为：

◆ 害怕／纪律——员工遵守安全规章制度仅仅是害怕被解雇或受到纪律处罚。

◆ 规则／程序——企业建立起了必要的安全规章制度但员工的执行往往是被动的。

按照安全观察与沟通"六步法"，各级管理者应坚持亲自到现场检查安全问题，以积极和正面的态度对行为人进行沟通和改进。这无疑最好地展现了你作为管理者重视安全的决心。同时，通过持续不断地实施安全观察与沟通，你对不安全行为的发现、纠正以及与员工的沟通能力也一定会得到提高，并最终达到习惯化的程度。

安全观察与沟通在整个组织内推行，能够帮助企业：

- 落实有感领导，展现领导承诺，关注安全工作；
- 提供沟通平台，增强双向沟通的技巧，营造安全文化氛围；
- 提高员工的安全意识，激励员工以安全的方式进行作业；
- 及时发现不安全行为，避免伤害和事件的发生；
- 了解安全标准、工作程序的理解和应用程度；
- 了解安全管理运作良好的部分，识别管理中的薄弱环节，为持续改进提供依据；
- 大幅度减少伤害及意外事件，降低事故赔偿或损失成本；
- 通过对观察结果的统计分析，建立组织的安全生产预警机制。

安全观察与沟通这种管理方法和工具非常适合在严格监督阶段使用。它能帮助你提升观察技能，改善沟通技巧，通过采取积极而正面的步骤，可以使安全工作细化到每一个工作行为，并了解每项工作程序是否真的被安全地执行。确保一个更安全的工作场所，提升你属地范围内的整体安全绩效，促进企业安全文化水平的提升。

■ 本章问题讨论

安全观察与沟通训练的下一步就是团体讨论。为了准备这个讨论，请回答下列问题。

1. 不安全行为和不安全状态必须被纠正，这是你安全责任中的一项重要任务。请列举你身边的不安全行为及不安全状态？

2. 安全观察与沟通的工作步骤与杜邦公司的STOP工作流程有何不同？你如何理解这种不同？这将对你开展安全观察与沟通工作有何帮助？

3. 你如何理解壳牌公司的"ACT"？谈谈其与杜邦公司"STOP"的差异。虽然对其名字的含义都有各自的解释，但有趣的是这两大公司是分别以STOP中的两个环节作为其方法的名字，这是人为还是巧合？

4. 你相信所有的伤害都能预防吗？如果你怀疑的话，列出任何可能无法由受伤者本人或其他人预防的伤害。讨论这个问题时，请妥善准备。

5. 你如何理解以人为本？在安全观察与沟通活动中，如何体现以人为本的管理思想？

6. 你能否谈谈安全观察与沟通的推行与企业安全文化的关系？在推行安全观察与沟通时，你所在的组织应该进行怎么样的准备？

■ 本章问题解答

问题1　96

问题2　A

问题3　B D

问题4　B

问题5　A

问题6　决定

问题7　停止

问题8　观察

问题9　行动

问题10　报告

问题11　观察

问题12　表扬

问题13　讨论

问题14　沟通

问题15　启发

问题16　感谢

为使本手册内容与结构更加完整,并体现安全观察与沟通工作的全过程,本章节在内容的编排上以安全观察与沟通的工作流程为主线,辅以安全观察与沟通的步骤。安全观察与沟通工作流程分为"准备、观察、沟通和报告"四个重要环节,在沟通中又分为"表扬、讨论、沟通、启发和感谢"五个步骤,加上"观察"构成六步法,见图2-1。

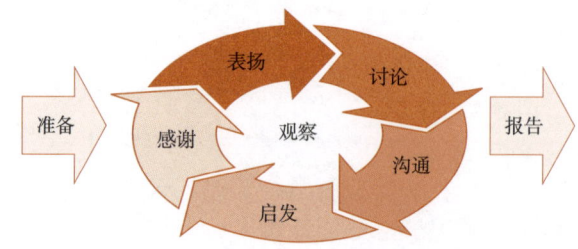

图2-1　安全观察与沟通的流程

第二章

安全观察与沟通的流程

通过前面的学习,相信你已经对安全观察与沟通的理念、流程、步骤、内容和作用有了初步了解。让你和你的团队快快行动起来,加入安全观察与沟通的活动吧!只要你身体力行、率先垂范,安全观察与沟通将会给你和你的组织带来巨大的安全绩效。

第一节 准 备

如果你身为一个公司经理、部门经理、属地主管或班组长,那么对于进入你属地范围内的每个人(包括承包商员工)来说,你都要采取行动对他们的安全绩效负责,还包括那些不在你的实际属地范围,但他是你的直线下属的人。

■ 你的安全责任

安全就是直线主管的责任(Safety is Line Responsibility)。由此可见,你的安全责任比其他你的属地范围内的人大多了。你的工作绩效绝大部分都要看你属地范围内涉及的人员(包括你的直线下属)的安全绩效,为了拥有良好的安全绩效,你需要对属地范围内的员工进行安全观察并与之沟通。

> **名言警句** 责任铁律(Iron Low of Responsibility):"权力"和"责任"是对等的,不需承担责任的特殊权力几乎是没有的,用通俗的话讲,"权力越大,责任越大"。

问题 1 企业中的每个人都应负起相应的安全责任,虽然你身为管理者,但是你对于安全的责任比你的直线下属要____。

A. 大

B. 小

问题 2 你可以藉由观察你属地范围内的人员,衡量一下他们的安全____。

问题 3 你身为一个经理、属地主管或班组长,对于你属地范围内的每个人的安全绩效,包括承包商,你都要负责任。

A. 对

B. 错

对于你属地范围内的每位人员的安全绩效,你要负起责任。例如,李某是危险化学品仓库的主管,共有五个直线下属的一线主管要向他报告,王某是其中之一。

问题4 李某该如何衡量王某的安全绩效?

A. 藉由观察王某及其属下的工作行为

B. 李某无法衡量王某的安全绩效

问题5 谁有责任鼓励安全作业行为,并于王某的工作范围内,指出其所有的不安全行为?

A. 只有李某

B. 李某和王某

问题6 李某对自己属地范围内的安全要负责,而其也包括了王某的范围,王某需直接对直线下属的安全负责。李某常常在王某的属地范围内看到安全作业行为,所以就将他的安全绩效评为____。

A. 满意

B. 不满意

问题7 你的属地范围内包括____。[可复选]

A. 你所督导的实际工作场所,以及每个进入此区域的人员

B. 你所领导和带领的团队的每一位成员

C. 不管他在哪里工作,都要向你报告的人员

> **名言警句** 管理是一种使命、责任和实务,其中责任是核心命题,应建立"以责任为基础的组织"。

你的主要责任在你的属地范围内,但是不管你身在何处,其实你都应该随时对于安全及不安全的行为保持警觉。事实上,整个企业的各级组织都必须一起努力,鼓励安全行为,避免不安全行为。

■ 让安全拥有同等重要地位

也许在过去,你将安全方面的工作交由专业安全人员负责。现在你知道你必须

将安全与其他你所重视的生产、经营、质量、士气、成本等事项列于同等重要的地位。

优秀的管理者对于安全方面所投入的精力及努力，会像他们对待生产、经营、质量、士气和成本一样。为什么呢？因为这些指标都同样被重视，它们一起发挥作用时就能取得相当突出的成果。但是，只要有一项没被重视，其他方面也会受到不良的影响。

尤其是安全一旦出了问题，结果可能就是灾难性的、不可恢复的，如图2-2中的表演者，安全是玻璃球，其他方面是皮球，皮球如果掉到地上还可以弹起来继续表演。但如果是玻璃球掉到地上，那表演可就是真的砸了。

假设在你属地的工作现场地面上散置着工具和杂物，而几天以前你检查时和班组长谈过，对于这些由于不安全行为所造成的不安全状态，他却说："我知道那里的确很乱，但是最近我们生产很忙，没有时间和人力去整理和清扫，我们必须全力以赴投入生产，保证生产指标的完成"。

图2-2 管理者的"技能表演"

> **重要提示** 没有一项工作会紧急到需要不顾安全地去完成。No job is so urgent that you cannot take time to do it safely!

问题8 这个班组长认为,他的工作方式可以使生产全速进行,意味着他认为：

A. 安全和生产的重要性是相等的

B. 完成生产任务相比安全更重要

某员工正在挖掘深沟槽，以便掩埋地下管线，可是因为没有做好适当的挡土支撑，挖好的沟壁崩塌了，压断了工人的腿。当询问小组长为何没有做好支撑时，小组长说："土质很干硬，况且挖掘工作很快就能完成。我觉得没有必要去做支撑，我们是红旗班组，工作不能落在其他班组的后边。"

问题9 下列五项中,哪一项是上述小组长视为最重要的？

A. 安全

B. 质量

C. 士气

D. 成本

E. 生产

再比如，作为属地主管的你看见承包商施工区域的脚手架使用破损的竹制踏板，你和作业人员谈话过后，发现自己有必要和其负责人讨论一下这个危险的情况。而那个责任人却说："是我让他们一直使用这些脚手踏板，直到它们裂坏到不能用为止。到目前为止，也没有人因此而受过伤。我认为就算有事，也不会出现严重事故。"

问题10 根据这个例子，从问题9的五个选项中，选出这位属地主管认为重要的项目是____。

问题11 现在再从问题9的选项中，选出这位属地主管最为忽略的选项____。

问题12 如果这位属地主管是为你工作的话，你对他的安全绩效会如何评分？

A. 满意

B. 不满意

问题13 这位属地主管是想要节省成本，但是万一发生了意外或伤害时，对成本又会有何影响？

A. 会增加

B. 会下降

上述几个事例中，如果有员工因此受伤的话，生产、士气、成本方面就会受到影响。现在你慢慢开始了解，你的安全责任是包括你整个工作范围内的一切。同时你还了解到，安全必须与生产、经营、质量、士气、成本拥有同等重要的地位。

■ 设定较高的安全标准

你是不是设定了较高的安全标准呢？事实上，你可预期员工所能达到的最佳绩效表现，依赖于你所设的最低标准。所以，你应该设定较高的安全标准，并且确定大家都了解、知道并遵守这个标准。首先，你必须身体力行、以身作则、率先垂范。当然，这个标准也不要定得脱离实际、高不可攀，过犹不及，设立无法实现的标准等于没有标准。

名言警句　《论语》：其身正，不令而行，其身不正，虽令不从。

问题14　你的最低标准决定了所能预期的最佳绩效，这意味着，只要下列条件存在的话，你属地范围内的安全绩效就算合格。[可复选]

A. 你的标准较高

B. 你的标准很高

C. 你的标准大家都知道和了解

D. 你的标准被大家忽略

E. 你的标准被大家遵守

设定较高的安全标准，可以帮助确定员工的绩效能达到何种程度。为了维持你的标准，你需要鼓励安全的作业行为，同时，当你看见不安全的行为时，也必须要求进行纠正。

当然应该注意的是，安全标准并不一定是越高越好，标准的设定要从现实出发，考虑企业的当前管理水平与企业文化背景，不要好高骛远，既要循序渐进，更要持之以恒。

重要提示　员工所能达到的最佳表现，取决于你所设的最低标准。

身为一位领导干部或属地主管，如果你想要创造一个安全的工作环境和良好的安全绩效，你就必须把重视安全当作每天的例行工作，这对于安全工作来说，是非常重要的。

问题15　作为属地主管，在你每天例行工作中，你应该对你属地内每位员工的工作加以观察？

A. 是

B. 否

问题 16 作为属地主管，你如何评估你的属地范围内的安全绩效？

A. 计算每个月安全会议次数

B. 计算每个月进行安全检查的次数

C. 统计发生的事故和事件

D. 观察作业区的人员行为

安全观察与沟通是一个有效的工具，它可帮助你提高安全绩效。只要你现在就行动起来，并持之以恒，它一定会给你带来惊喜，从现在开始你的安全观察吧。

第二节　观　察

在你决定开始实施安全观察时，首先，你需要走进选定的作业场所，锁定一个正在作业的员工，然后选择一个距离员工较近的地方停下来，开始全神贯注地观察其行为。

■ 锁定观察目标

假设，你决定对你属地范围内的某个正在工作的员工进行安全观察，制度规定在生产区域内作业的所有员工都必须戴安全帽。当你进入生产区域时，你因心里正在思考另外一件事情，而没有停止脚步锁定目标进行观察，从某个员工身边经过时匆匆一瞥，走过数步之后，你回想起刚刚经过的员工没戴安全帽，但是等你回头来看，这位员工正戴着安全帽。

问题 17 假设你停下来而且全神贯注去进行你的安全观察，你的观察技巧会有所改善吗？

A. 是，很可能

B. 否

问题 18 要使安全同等重要，你对员工工作方式的观察是？

A. 当你走过时，随便看一下

B. 走到这些员工附近停下来，并专注观察他们

问题19 假设在这个案例中，你停了下来，并专注观察他们，如果你确实看见这个员工没有戴安全帽，你给这个员工的安全绩效评分会如何？

A. 满意

B. 不满意

问题20 假设你和这位员工讨论有关这个不安全的行为，使得他在以后的工作中都戴上安全帽，其安全绩效将会：

A. 变好

B. 变差

问题21 因为你是这位员工的直接领导，你的安全绩效将会：

A. 变好

B. 变差

当你准备进行安全观察时，应放下手边的其他工作，腾出专门的一小段时间，走进你的安全联系点或是你的属地，锁定一个正在作业的员工，选择一个合适的距离停下来，以便开始全神贯注地观察其行为。如果你不停下来，只是在经过时瞥一眼，你的观察绝对不会准确、全面。

有时员工会认为他们已经在很安全地工作，而且可能他们还会对他们的安全作业感到自豪，但是在你的观察下，他们可能会因为没有考虑到某些事项，而处于危险之中。

克服不良习惯

你是否曾经眼光对着某些事物，但却并没有真正地观察该事物？如果是的话，你跟许多人有相同的情况。一般人通常只会看到他所想要找的东西，这种情形会影响安全观察的结果。

> **情景举例**
>
> 有一位安全专家到一个工厂去进行安全行为审核。这位安全专家和企业的厂长一起到现场进行安全检查，在现场巡视过程中，厂长很高兴地说，他没有看到任何安全问题。
>
> 这位专家却说："在那边工作而未戴护目镜的员工怎么回事？""还有那位正在站在设备上作业的人员？""还有那位在高处作业而无防坠保护的人员？""还有那位……"
>
> 厂长不得不承认他没有注意到那些人员。他想了一会儿说："我想这大概是因为我多年来只注意劳动纪律。如果员工正在工作，我只是瞄一眼，但是如果员工没有在工作，我就会集中注意力去想为什么这位员工没有在工作。"

这位厂长的习惯是一种普遍现象，很多人即使是在做安全观察与沟通的时候，还是看不到安全或不安全行为。为什么呢？因为大部分的人都已养成了习惯，只观察设备状况或是不在工作的人员。

【重要提示】 集中于过程……而非结果……，安全管理的价值才能体现出来。

当然，敏锐的观察力，有时也来源于你自身所掌握的基本专业安全知识和技能，这方面并不是本手册所能解决的问题，这主要依赖于你日常不断的学习和累积。

培养自己良好的观察力对于任何进行安全观察与沟通的人而言，都是必须通过的一课。安全观察训练能够提供你很多培养良好观察习惯所必需的方法。首先记得提醒自己要观察正在工作的人，这在开始可能会有些困难，但它由此而产生的安全效益是值得你去努力的。

■ 整体观察技巧

为了成为一位熟练的行为安全的观察者，你需要特别留意周围的每一件事，这里所说的安全观察不仅仅是靠你的视觉，同时还要充分运用你的嗅觉、听觉和触觉。可学习和借鉴中医的"**望、闻、问、切**"四诊式整体观察技巧。当你使用这一技巧时，你必须：

- "看"上面、下面、后面、里面（简称"四面"）；
- "闻"异常的味道；
- "听"异常的声音与震动；
- "感觉"异常的温度与震动。

问题22 当你使用整体观察技巧时，你观察上面、_____、后面和_____。

使用整体观察技巧，观察上面、下面、后面、里面，提醒你记得"四面"步骤，并且观察和留心周围的每一个地方。

> **名言警句** 《论语》：视其所以，观其所由，察其所安。人焉廋哉？人焉廋哉？
> 注：所以——所做事情的动机；所由——所做事情的方式；所安——所做事情的心境；廋——隐藏。

某炼油厂的泵发生闪火现象，事后调查发现是泵轴承过热所引起。这个作业现场的主管说事故发生的前一天，他感觉出轴承的异常，轴承温度较平常高。

问题23 当这位主管感觉轴承异常时，他是否已使用整体观察技巧？

A. 是

B. 否

主管已经使用整体观察，但并未执行相关程序，他应该报告观察到的异常现象。

假定你正穿过一个暂停使用的作业现场，你听到轻轻的叮当声，听起来好像是一小片的金属掉在地上。

问题24 接下来，你应该做什么？

A. 什么都不做，此区域并非处于使用状态，所以你不需要了解状况

B. 了解状况，找出发出叮当声的原因

问题25 接下来，你提醒自己使用整体观察技巧：看、闻、_____与感觉。

问题26 你也提醒自己使用看的"四面"步骤，观察_____、下面、_____与里面。

▎**整体观察练习**

请你仔细观察图 2-3 中相关的作业人员，你可以发现哪些安全和不安全的行为？先请你记录下你的观察结果，等你学习完本手册后，你再次观察，看你的观察技能是否得到了提升。由于受手册所采用媒体的限制，这个整体观察练习还主要是"看"，但根据以前的经验，你还是可以"闻"、"听"和"感觉"的。

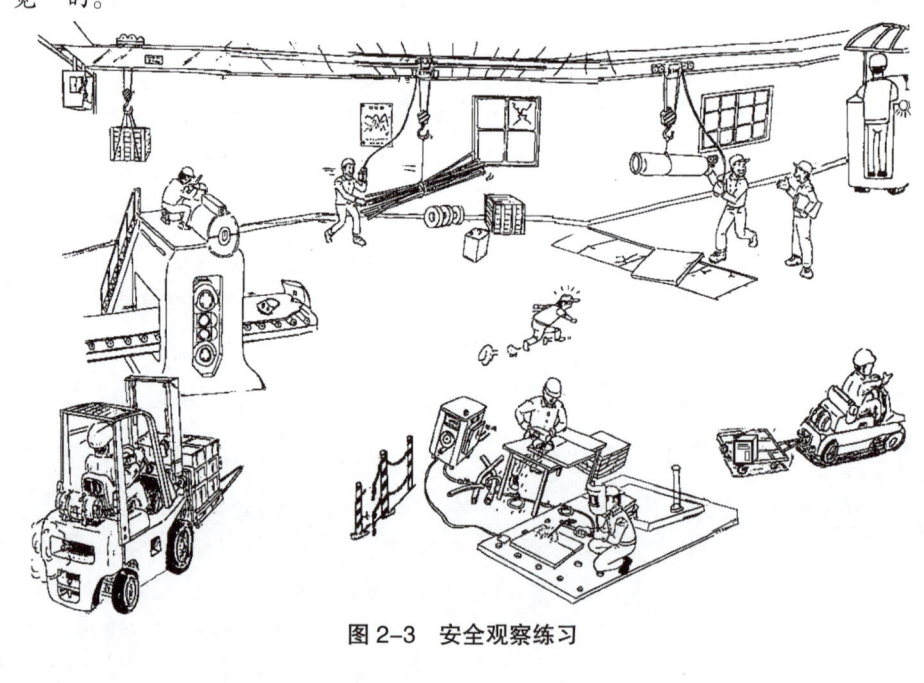

图 2-3　安全观察练习

观察结果记录：_____

_____

当你运用整体观察技巧，发现员工因为某些不安全行为而可能处于危险之中时，你就需要运用良好的判断力，或者立即采取纠正行动以防止伤害的发生，或者在你指出不安全的行为前，先强化安全的行为，这就是为什么对属地内员工的了解是很重要的。

例如你进入一个现场作业区，焊工张某正在室内进行焊接作业。他佩戴了适当的手套、面罩、防护眼镜等必需的个人防护装备。在日常工作中，张某是所有员工中最有安全意识的一位。但是今天，你注意到焊接时所必需的通风系统并没有打开。

问题 27 现在你该_____。

A. 对张某大喊，叫他停下工作，把通风系统打开

B. 要求张某停下工作与你进行沟通

问题 28 在你请张某与你谈过之后，你可能会_____。

A. 忽视他的安全作业行为，而只将话题焦点集中在他的不安全行为

B. 运用你的判断力，与张某沟通，让他知道你赞许他穿戴了适当的个人防护装备，然后再询问他有关其他可能的危害，包括通风系统

可能是因为张某在室内作业忘记了开启通风系统，也可能是因为他不了解室内焊接适当的通风的重要性。无论如何，在你跟他谈过有关强化安全作业行为以及指出不安全行为之后，他都会因此而受益。

指出安全及不安全行为

当你主动指出安全及不安全行为时，就等于在告诉周围的人，你所设定的安全标准是较高的。同样地，如果你不太注意安全行为与不安全行为的话，就会让人觉得，安全对你来说并不重要。

为什么呢？因为如果你看到员工的不安全行为，而没有及时指出，那么他就会以为他的表现是可以被接受的。所以他就不会做出改变。而同一个作业区的其他人，也会以为这种行为是可以被接受的。

> **重要提示** 对你看到的**不安全行为表现沉默就等于默许**。

如果你忽略了安全行为，员工可能认为，安全并未被你列入优先考虑事项之一，那么他们的工作安全绩效可能会每况愈下。

问题 29 鼓励安全的行为及纠正不安全的行为，就好像在告诉周围的人，你的安全标准设的较_____。

A. 低

B. 高

问题30 当你的安全标准设得很高时,你主动指出安全及不安全的行为,员工便会知道你非常_____安全。

A. 关心

B. 不关心

问题31 必须让大家知道你很关心安全,因为做出不安全行为的人会_____。

A. 不用你说,就知道自己需要改进

B. 以为你的沉默表示默许

> **重要提示** 工作场所从来都没有绝对的安全,伤害事故是否发生取决于工作场所中员工的行为。

进行安全观察与沟通的主要目的就是要确保员工安全地工作。但是只观察员工工作或是要求他们改善不安全的行为是不够的。你还需要按照下节的内容进行沟通。

第三节 沟 通

沟通是成功的关键。为何要进行沟通?因为这么做可以让员工知道,安全对你来说是很重要的。当你进行沟通,以加强安全行为或纠正不安全行为时,你已传达出了一个信息:"安全很重要"。同样,一旦你忽视安全行为或不安全行为,你就会传达出另一个信息:"安全一点也不重要"。

问题32 当你观察到员工的安全行为,你该如何做?_____
如果你观察到员工的不安全行为,你又该如何做?_____

A. 强化安全行为

B. 纠正不安全行为

C. 进行批评和教育

D. 进行警告或处罚

问题33　当你强化安全行为或纠正不安全的行为时，相关的人将体会到安全对你_____重要的。

A. 是

B. 不是

重要提示　安全是通过你的行动体现对生命的尊重。

在确保安全的情况下，礼貌地打断他们的作业。用一种考虑员工自尊的积极的方式，向被观察员工反馈你观察到的信息。强化安全作业行为或纠正不安全行为，有助于帮助员工安全地工作，并有助于维持并提升其安全绩效。

你应该按照下列步骤与员工进行沟通（图2-4）：

◆ 表扬：首先，应尽可能地鼓励和表扬其安全行为；

◆ 讨论：与员工讨论其不安全行为和该行为的后果，以及安全的作业方法，真正了解不安全行为的原因；

◆ 沟通：就如何安全地工作与员工进行沟通，取得一致意见和员工的承诺；

◆ 启发：引导员工讨论工作地点的其他安全问题；

◆ 感谢：最后对员工的配合表示感谢。

想和下属成功的沟通，你要放下架子去主动接近下属并与其分享信息，要充分了解下属的需求、情感、价值观，以及其他个人问题。以开放的心态多征询下属的意见，让他有机会表达自己的看法和想法，在交流时，千万不要忘了激励因素。

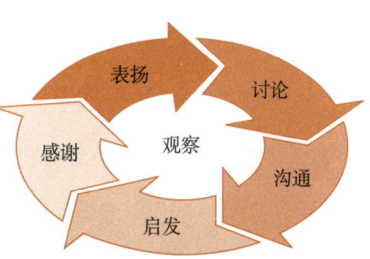

图2-4　沟通的基本步骤

■ 鼓励和表扬安全行为

你应把寻找安全行为作为首要目标，仅仅找出那些不安全行为对于大部分人来说，都是很容易的，因为人天生就擅长挑错。对于行为安全管理过程，要使它发挥出最好的效果，重点必须放在识别和激励那些安全行为上，这将要求你首先发现他人的优点，并要做到不批评、不责备、不抱怨。大多数情况下，行为干预应采用正面激励、信息反馈及校正指导，当你试着这样去做，你会得到意想不到的结果。

> **重要提示** 我们每个人都需要别人的肯定，就像我们需要空气、食物和水一样。

美国哈佛大学教授詹姆斯通过对人的激励问题的专题研究得出结论，如果没有激励，一个人的能力发挥不过20%～30%；如果施之以激励，可发挥到80%～90%。许多研究都表明，正面的鼓励和表扬只要使用得当，对于激励员工持续这种行为的动机是相当有效的，同时还将促进团队中积极的气氛。但这并不表示纠正不安全行为就没有效果，只不过鼓励安全行为也是增强动机的一个重要因素。

问题34 对安全行为加以鼓励和表扬的做法，是激励人员安全工作的有效方法，这和纠正不安全行为同样重要。

A. 对

B. 错

以前，我们认为唯一能改善工作安全的方法，就是纠正不安全行为，现在我们知道这是片面的。传统安全管理中，负面激励用得太多，正面激励用得太少。我们现在使用的安全观察与沟通引入正面激励，正好可以用来纠正这种不平衡的现象。在纠正、减少和消除不安全行为的同时，更要表扬、鼓励、保持和强化安全行为，安全观察与沟通的工作原理，如图2-5所示。注意表扬和鼓励一定是明确的、真诚的、有事实依据的、不带负面转折的，鼓励别人的同时，自己也得到激励。

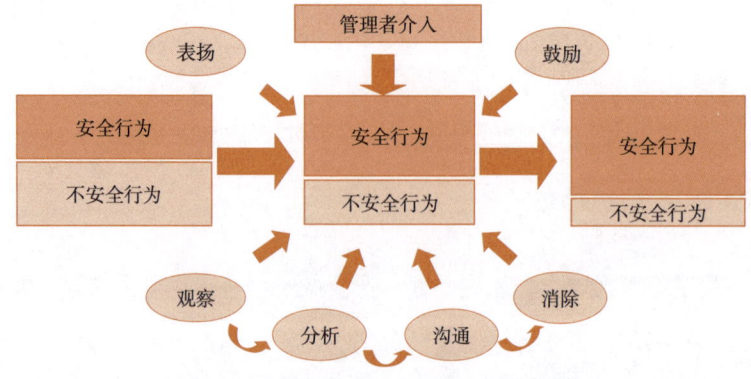

图2-5 安全观察与沟通的工作原理图

鼓励和肯定安全的作业行为和指出并纠正不安全的行为一样重要。

假设某员工工作时总是穿戴着必须的劳保服和安全帽,某天当你在做安全观察时,你观察到他仍像平常一样,穿戴着整齐的劳保服和安全帽。

问题 35 你应该与这个员工谈论吗?

A. 应该,安全的工作行为需要表扬和鼓励

B. 不应该,反正他已经很安全地在做事了

如果一名操作员正在灌装不可燃、剧毒性、腐蚀性的液体。该操作员穿了符合工作规定的个人防护装备,并有适当的通风设施。

问题 36 当你观察到像这样的一个安全地工作的员工,你应该做什么?

A. 一直观察,直到发现错误

B. 和员工交谈以加强其安全行为

请注意,如果安全作业行为得到鼓励和表扬的话,这种行为就能持续下去。而如果这种行为被忽略的话,它就可能会停止。藉以鼓励和表扬安全的行为,你就能帮助员工保持工作上的安全绩效。

问题 37 鼓励和表扬安全的作业行为,可让你属地的整体安全绩效得以保持和提升。

A. 对

B. 错

不要为了表扬而表扬,要用心去说,微笑就是一种鼓励,请教也是一种表扬。

人性的弱点是"喜欢批评人,却不喜欢被批评;喜欢被人赞美,却不喜欢赞美人"。因此,造成了人与人之间的距离。把我们亲切的眼神带给对方,冷漠就此消失,用我们的耳朵来倾听,争辩就没有了。

■ 纠正和讨论不安全行为

假设当你观察到员工有不安全的行为时,你该如何做?不论你在任何时候,你

都必须"立即纠正",并与员工讨论其不安全行为和该行为的后果,以及安全的作业方法。它代表着一个信息,即不安全的行为是不被接受的。

问题38 当你看到一个不安全行为,为什么必须立刻给予纠正？ ____ [可复选]

A. 为了保护人员及预防伤害发生

B. 传达出"你很重视安全"的讯息

C. 为了他不被你的上级主管处罚

> **重要提示** 及时发现并纠正不安全行为,是避免事故发生最为重要的工作。

当不安全行为直接危害自己和他人生命时,你必须立即叫停,沉默表示同意该不安全行为,你看似简单的一句话可以救人。有一个人当发现他同事的不安全行为时,他没有制止,而是选择扭过头走开了。当悲剧发生后,下面文字就是他深深的忏悔。

一个灵魂的忏悔

我差点救了一条命,但我选择了冷漠。

不是因为我不关心,我有时间,我也在那。

但我不想显得愚蠢,或因一条安全规则而争吵。

我知道他之前做过这项工作,如果我说他错了,他也许会难过。

出错的机会不大,我也做过同样的事,他也知道。

所以我摇摇头走开了,他跟我一样清楚风险所在。

他偏偏出事了,我没有阻止,因为这个举动,我让他迈向了死亡。

我差点救了一条命,但我选择了冷漠。

现在每次我见到他的妻子,就觉得我原本可以挽救他的生命。

我无法停止内心的愧疚,却不希望你也分担这种感觉。

如果你看见他人在冒风险,可能会危及他们的健康或生命。

你的一句简单的提问或提醒,就可能延续他们的生命。

而如果你看见了风险却选择走开,那我希望你有朝一日不要说:

我差点救了一条命,但我选择了冷漠。

第二章　安全观察与沟通的流程

问题39　当你看到一个不安全行为，你该于何时予以纠正？

A. 立刻

B. 于下次安全会议时

C. 当遇到你的经理时

D. 次日

对不安全行为立刻纠正是很重要的。但仅给予即时纠正，并不足以使人员了解不安全行为不被接受的原因。举例来说，某属地主管看见一位新员工将安全帽戴在太阳帽之上，便对员工说："喂，把太阳帽脱掉！"，于是这个员工将太阳帽脱掉，塞进口袋中，然后再戴上安全帽，属地主管于是就走开了。

问题40　请问这位属地主管是立刻纠正吗？

A. 是

B. 否

问题41　这位属地主管帮助新员工了解在安全帽下戴太阳帽是不安全的吗？

A. 是

B. 否

问题42　这位新进员工知道为什么属地主管要纠正他吗？

A. 知道

B. 不知道

> **名言警句**　当你劝告别人时，若不顾及别人的自尊心，那么再好的言语都是没有用的。

这位新员工知道属地主管不接受他的行为，但是他不知道主管不接受他行为的原因。于是可能会出现这种情况，只有当属地主管在场的时候这位员工才会正确地佩戴安全帽。因为在这种情况下，员工可能不知道属地主管立刻纠正是为了保护他的安全，可能只是因为他这样做不符合规定要求。

问题43　属地主管的立即纠正行动_____。

A. 至少在当时，使那位员工脱掉太阳帽

B. 帮助其他员工了解为什么此行为是不安全的

问题44 以后，这位员工可能如何做？

A. 一直以安全的方式戴安全帽

B. 当属地主管旁边时，才正确的佩戴安全帽给属地主管看

如你所见，立刻予以纠正有短期的好处。它至少可暂时保证该作业区域的安全状态，但不能使良好的安全状态长期有效。假如属地主管想要长期保证该区域的安全绩效，他不能仅仅"立即纠正"。他还要与员工讨论其不安全行为和该行为的后果，以及安全的作业方法。

 立即纠正不安全行为很重要，但它不能防止再次发生。

与员工讨论其不安全行为及后果时，你沟通的切入点是不安全行为可能导致的伤害和后果，讨论有没有更安全的作业方法，你表达的重点是对员工安全与健康的关心，而不只是对其不安全行为本身的关注。

当员工知道安全的行为和不安全的行为会给自己和他人带来的影响和后果时，他们安全地工作的动机就会增加。因为人们都会做他们认为有意义的事情，而且没有谁愿意主动受到伤害。所以当你与员工进行讨论时，你必须提供能使他们对安全工作做出合理决定的重要的信息和必要的理由。

■ 沟通并采取纠正措施

任何时候看到不安全行为，都必须立刻予以纠正。仅仅立即纠正的行动不足以改善安全状态，如果你要提升相关人员以及你的属地范围的安全绩效，你必须与员工充分沟通，就如何安全地工作与员工取得一致意见，并取得员工的承诺。

在同你的下属进行沟通时，不要扮演"救援者"关注问题的解决方案，说"你干吗不……"，而应该是"启发者"和"引导者"，要这样问"你怎么看待目前碰到的问题？"、"你准备用什么办法解决这些问题？"，或是"你准备做哪些工作？"

不安全行为的改变是针对原因的，同时采取纠正措施以防止不安全行为再次发

生。因为，你的立即纠正行动只是暂时地将危险移除，但是不能防止不安全行为再次发生，只有针对原因采取纠正措施才可以防止其再次出现。

查找原因的沟通事例

有一个车间主任，看到机修车间的员工将铁屑洒在机器之间的通道上，车间主任上前与这名员工进行沟通。

车间主任：为何将铁屑倒在地面上？

员工：因为地面有点滑，不安全。

车间主任：为什么会滑呢。

员工：因为那儿有油渍。

车间主任：为什么会有油渍呢？

员工：因为机器在滴油。

车间主任：为什么会滴油呢。

员工：连接器有漏点。

车间主任：为什么会有漏点呢？

员工：连接器内的橡胶油封磨损了。

车间主任：为什么没有即时更换呢？

员工："……"

> **重要提示** 问题蕴藏财富，管理创造价值。

问题45 立即的_____行动可暂时除去危险，_____的行动有助于使危险不再发生。

为了预防不安全行为再次发生而采取纠正措施之前，你必须与相关的人员进行良好的沟通，找到造成不安全行为的原因，并且让他知道这个行为为什么是危险的。

问题46 当你采取立刻纠正行动后，你应该做什么？

A. 藉由与人员交谈预防事件再次发生，直到他知道为什么这个行为是危险的

B. 走开

问题47 若人员了解安全作业行为背后的理由，他们安全工作的动机将____。

A. 增加

B. 减少

假如你帮助员工了解到，停止某个不安全行为是对他们自己的安全最有利时，即使当你不在现场时，他们也会安全地工作。这样，不止他们的安全绩效会提升，你属地的整体安全绩效同样也会提升。

问题48 你采取纠正措施，预防再次发生的行动，可以帮助提升你属地范围的安全绩效。

A. 是

B. 否

你在与员工沟通时，员工发表的意见应尽量仔细倾听。通常这些意见能够很好地反映出他们存在不安全行为的原因。例如戴手套，如果被观察员工的意见反映出员工带上手套不合适（手套尺寸太大或太小），那么这就意味着你应该为员工采购更多尺寸的手套。关于员工为何没有执行正确行为的信息，获得越多越好，这将有助于不安全行为的进一步改进。

为了预防不安全行为再次发生，采取纠正措施时必须运用你的判断力，找到出现这种情况的原因。这种纠正措施可能是必须改变工作程序、进行安全培训、实地训练，或定购新的用品或设备等。但是无论如何，防止不安全行为再次发生所采取的纠正措施，必须符合公司现行政策、规定和作业现场的实际情况等。

问题49 当你看到不安全的行为时，你该采取下面哪一项行动？[可复选]

A. 立即采取纠正行动

B. 找到为什么出现这种情况的原因

C. 采取纠正措施，防止再次发生

D. 离开该区域

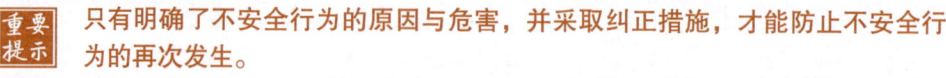

只有明确了不安全行为的原因与危害，并采取纠正措施，才能防止不安全行为的再次发生。

机床操作人员没有戴安全眼镜,他们的一线主管看见后说:"嘿,听着,领导交代必须戴安全眼镜。"未等作业人员戴上安全眼镜,扭头就走掉了。

问题50 为了预防伤害发生,谁要采取行动,以显示公司对安全的承诺?[可复选]

A. 一线主管

B. 属地主管

C. 高级主管

D. 最高管理者

问题51 在本案例中,一线主管所传达的信息是?

A. 他个人对员工的安全有责任

B. 他个人对员工的安全没有责任

问题52 本案例中,一线主管帮助员工了解为什么戴安全眼镜是重要的吗?

A. 有

B. 没有

问题53 若员工了解安全眼镜对保护安全的重要性,会提升他们戴安全眼镜的意愿吗?

A. 可能会

B. 可能不会

在与员工沟通结束后,你可以启发、引导员工讨论工作地点的其他安全问题(如合理化建议)。最后,对员工的配合表示感谢。

如何与人员沟通

下面你将学会一种与员工沟通与讨论的方式,这是一个双向的沟通过程,可帮助员工接受新的安全观念。中国石油的安全观察和沟通分为"观察、表扬、讨论、沟通、启发、感谢"六个步骤,除"观察"外,其他五个步骤都是强调应如何与员工进行沟通。

假如你看到一位员工在离地 5 米多的高架上工作，没有系安全带，而该作业区下也未做安全隔离。显然，你需要采取行动，走上前按"表扬—讨论—沟通—启发—感谢"方式与这位员工进行沟通。

问题 54 这时，首先_____该员工作业中安全的部分；共同_____不安全行为原因，以及可能带来的后果；通过_____尽可能与员工在安全方面取得共识，并取得员工的承诺；还可以引导和_____员工思考更多的安全问题，提高员工的安全意识和技能；最后，对员工的配合表示_____。

你应对遵章守纪、严格执行操作程序等的员工行为表示鼓励或提出表扬；讨论应开放、真诚、直接，而不应形成争论或者对峙的场面，且须将讨论活动当作一次相互之间的学习机会；沟通时应采用请教或询问的方式，目的是让员工认识到改善其安全表现的必要性；应引导和启发员工对安全问题提出改善建议；对员工积极参与讨论并提出改善建议的行为表示感谢。

> **重要提示** 沟通的基本问题是"心态"，基本原理是"关心"，基本要求是"主动"。

应充分与员工进行交流和沟通，花费一些时间营造轻松、愉快的氛围，不能急于求成。需要特别强调的是，与员工进行沟通时，应注意以下几点：

◆ "沟通"与"责怪"或"教训"是相当不同的。你首先要改变心态，以请教而非教导的方式与员工平等交谈，倾听对方意见的同时和对方交换意见。

◆ 与员工讨论其不安全行为及后果时，应表达你对他自身安全的关心，让他知道你关注这样做的后果而非不安全行为本身。

◆ 不要死扣标准，真正了解不安全行为的原因，讨论有没有更安全的做事方法。

◆ 沟通应采用一定的技巧进行引导，使用积极的、无强迫性的语言，让员工讲出自己的看法。不要先下结论，不要采取强制、指教的方式。

一个正在使用砂轮机的员工没有戴面罩，阅读下面的对话，这是"教训"与"沟通"的例子。

"教训"与"沟通"示例

场景A

主管：（很生气地说话）喂，把你的面罩戴上！安全警示标志上不是提醒使用砂轮机的时候要戴面罩吗？不要再让我看到你没戴面罩使用砂轮机，听见了吗？

员工：是。

主管：很好。

场景B

主管：你可以停下你的工作，过来一下吗？

员工：（走向主管）什么事？

主管：（以一种聊天的语气）我注意到你没有戴面罩，为什么呢？

员工：嗯，我感觉戴面罩对于使用砂轮机几分钟这种小活来说，有点太麻烦了。

主管：你知道为什么在使用砂轮机的时候要戴面罩吗？

员工：我想是要避免东西跑到我的眼睛里吧。但我一直很小心，而且我认为后果不会有多严重。

主管：磨砂机的转速多快呢？

员工：大约每分钟3500转。

主管：如果转轮破掉了或有碎片飞出来，你认为它打到你的速度会有多快呢？

员工：（想了一下）我明白你的意思了，我想我是该随时都戴上面罩的。

主管：没错，你的眼睛比你戴面罩所花的几秒钟重要多了。

读完场景A和场景B后，请回答下面的问题。

问题55 这两个场景的主管是否都立即采取了纠正行动？

A. 是

B. 否

问题 56 哪一位主管是在和人员交谈与沟通呢?

A. 场景 A 的主管

B. 场景 B 的主管

当你和员工交谈时,你无法知道他会说什么,所以你无法先写好对话的剧本,但你应记住一些重要的原则:与相关的人谈话,应让他们了解不安全行为的危害和原因,并且倾听对方的解释,让员工有机会告诉你作业的危害有哪些。

问题 57 在这两个场景中,哪一个场景谈论到危害了呢?

A. 场景 A

B. 场景 B

问题 58 在这两个场景中,哪一个场景的主管给员工机会考虑危害的问题呢?

A. 场景 A 的主管

B. 场景 B 的主管

问题 59 哪一个主管可能看到较佳的长期安全成效呢?

A. 场景 A 的主管

B. 场景 B 的主管

你与员工的沟通一定是双向的,讨论时会有不同意见,可通过沟通达成共识,执行时就会稳定、统一和有效。如果是行政命令式的单向沟通,沟通变简单了,但执行时可能会由于意见不统一而出现波折,降低效率。沟通方式与执行力的关系可参考图 2-6。

图 2-6 沟通方式与执行力的关系

不论你是需要强化安全作业行为或是需要指出不安全行为,你都需要与他们进行交谈,但根据观察对象、观察行为的不同,你们交谈的内容也应有所不同。

 沟通是"双向的、平等的"沟通,不是"自上而下"的批评与教训!

问题60 与安全作业的员工和不安全作业的员工交谈的内容_____?

A. 相同

B. 不同

员工安全作业时交谈的主要内容:表扬和鼓励员工的安全行为使其能持续保持,评估员工对自身角色和责任的了解程度,培养正面与员工交谈工作的习惯,了解工作区域各种不同工作所涵盖的各种安全事项。

员工不安全作业时交谈的主要内容:立即纠正不安全行为,讨论了解员工不安全行为的原因,找出产生这种原因的间接因素,与员工一起沟通探讨使工作更加安全的方法,采取有效的纠正措施,防止不安全行为再次出现。

安全观察与沟通是提升企业整体安全状态的一种有效手段,也是提高员工士气的一种有效手段。各级管理层应积极参与,主动与员工沟通安全问题。

卡耐基沟通的艺术

使人赞同你的十二种方法

1. 狡辩不能赢得争论

避免争辩,争辩是百分之九十的情绪,加上百分之十的无聊。你赢不了争论。要是你输了,你当然也就输了;如果你赢了,可你还是输了。人的内心不会因为争论而有所改变。

2. 如何避免成为敌人

照顾他人的面子,切勿说:你错了!即使在最温和的情况下也不容易改变别人的主意,那为什么要使它变得更困难呢?承认自己或许弄错了,就可以避免争论;而且可以使对方和你一样宽宏大度,承认他可能出错。

3. 如果你错了，就勇于承认

如果你是对的，就要试着温和而巧妙地让对方同意你；而如果你错了，就要迅速而勇敢地承认。这远比自我辩护更加有效。

4. 通达明理的大路

"一滴蜂蜜比一加仑胆汁，能捕捉到更多的苍蝇。"与人相处也同样如此，用一滴蜂蜜赢得了别人的心，你就会使他走向通达明理的道路。

5. 苏格拉底的秘诀

如果一开始的时候就使一名员工或顾客、孩子、丈夫或妻子说"不"，那恐怕要有神仙般的智慧和耐心，才能使那种绝对否定的态度变为肯定的态度，多听听对方的观点。

6. 处理抱怨的灵丹妙药

如果你想结下仇人，就要比你的朋友表现得更加出色；但如果你想结交朋友，就要让你的朋友表现得比你更出色。

7. 如何得到别人的合作

没有人喜欢被强逼着去做某事。如果你想得到别人的合作，就要征询他的愿望、需要及想法，使他觉得是出于自愿。

8. 一个为你创造奇迹的公式

要试着从别人的观点来看问题，努力去了解别人，你就能创造生活的奇迹，获得友谊，减少冲突和挫折。

9. 每个人都渴望的东西

在中和酸性的恶感方面，"同情"具有极大的化学功能。在你明天将要遇见的人中，有四分之三都渴望得到同情。如果你能给他们同情，他们就会喜欢你。

10. 人人所喜欢的激励

我们每一个人都是理想主义者，都喜欢为自己所做的事找一个动听的理由。因此，如果你想改变别人的想法，就要激发他的高尚动机。

11. 大家都这样做，你何不也试试？

注意表达的方式方法。仅仅平铺直叙地讲述事实远远不够，必须使事实更加生动、更加有趣，并富有戏剧性地表现出来，才能够有效地吸引人们的注意。

12. 当其他方法都无效时，试试这个方法

理解他人的想法和愿望。工作本身的竞争性，以及表现自我的机会，是每一个成功者所喜欢和追求的。

■ 采取询问的态度

当你观察员工的行为时，你是否曾经想过该怎样和这位员工沟通？作为主管，你或许可以强制对方的沟通行为，但却不能左右对方的反应和态度，而正是反应和态度决定沟通的效果。培养询问的态度能帮助你与员工进行友好的交谈。要实现安全观察与沟通真正的意义，询问的态度是至关重要的，它可以帮助员工改变其不安全的行为，保持其安全的作业行为，从而提升他们以及属地整体的安全绩效。

重要提示 **各级管理者的态度将最终决定安全观察与沟通的成败。**

记住，**没有完美的个人，只有完美的团队**。你不一定就是最好的，员工的很多优点你可能没有，你是来向他们学习的，大家一起共同探讨，问题就会得到解决，集体的智慧是最强大的。

询问的态度以两个问题为基础：一是"如果一旦发生意外，会造成什么样的伤害"？二是"如何让这项工作做得更安全"？

当你和员工沟通时，你可要求他们和你共同思考这两个问题，因为这两个问题不仅能让你更加认真地思考安全，而且能帮助你与其他人进行有效的沟通和有益的探讨。

问题61 若要改善你属地范围内的安全绩效，你必须采取_____。

A. 一种接受的态度

B. 一种询问的态度

问题 62 当你观察员工时,你要问:"如果一旦发生_____,会造成什么样的_____?如何让这工作做得更安全?"

一位员工在施工工地行走,但未穿规定的安全鞋。你立刻采取纠正行动,阻止这个不安全行为,并采取纠正措施防止这种情况再次产生。同时,你需要询问上述两个基础性的问题。

问题 63 当你观察到,如果一旦发生意外,会造成伤害发生的行为时,你应该_____。

A. 做个记录,然后离开

B. 立即采取纠正行动,并采取纠正措施,预防再次发生

假如你和这位员工进行沟通,提出上述两个问题,一起探讨这种不安全行为的危害,他就会明白这样的后果可能是脚受到伤害,穿上安全鞋可以防止被刺伤等。员工意识到这样的后果,就会在以后的工作中主动避免这种不安全的行为。

问题 64 当你观察员工作业时,应培养出一种询问的态度。下面是关键性的询问态度:_____一旦发生意外,会造成什么样的伤害?怎么样可以将_____做得更安全?

你还记得"如何与人员沟通"中提到一个正在使用砂轮机的员工没有戴面罩,主管与员工沟通的场景(场景A和场景B)吗?现在请看采用询问的态度后的场景C。

"询问"示例

场景C

主管:你可以停下你的工作,过来一下吗?

员工:(走向主管)什么事?

主管:(以一种询问的态度,请教的语气)磨砂机的转速多快呢?

员工:大约每分钟3500转。

主管:如果一旦转轮破掉了或有碎片飞出来,会对你造成什么样的伤害呢?

员工:如果真的出了问题,那我可就惨了!

主管:那怎么样才能使你的这项工作更安全呢?

员工：（想了一下）应该戴上面罩吧。

主管：是的，你刚才没有戴面罩，为什么呢？

员工：我感觉戴面罩对于使用砂轮机几分钟这种小活来说，有点太麻烦了。

主管：你知道为什么在使用砂轮机的时候要戴面罩吗？

员工：我原想是要避免东西跑到我的眼睛里吧，我一直很小心，而且我认为后果不会有多严重。现在我明白这样做的严重性了。

主管：没错，你的眼睛比你戴面罩所花的几秒钟重要多了。

员工：我明白你的意思了，我想我是该随时都戴上面罩的。

场景C与场景B的谈话内容基本相同，但沟通时采用了询问的态度，以"两个问题"为基础，从可能导致的后果切入，表达的是你对员工安全的关心，谈话内容的前后次序发生了变化，以便更好地启发员工思考安全问题，从而带来更好的沟通效果。

名言警句 摩尔：向上级谦恭，是本份；向平级谦虚，是和善；向下级谦逊，是高贵；向所有的人谦恭是安全。

在整个交谈过程中应始终表情友善，态度和蔼，可利用点头、微笑、扬眉、注视等示意对员工的回答很感兴趣，鼓励对方畅所欲言。为了不打断谈话，还可以利用表情替代插话提问，如突然摇头、抿嘴、皱眉等面部表情，表示不理解或有异议，希望员工进一步说明。

需要提醒的是：提出"如果一旦……"和"如何……"这两个问题时，要考虑企业的文化。有些企业员工可以立即接受这种询问的态度，有些企业员工可能一下子不会适应这种沟通方式。遇到这种情况，先不要问这两个问题，而要先让员工学会"思考安全"，然后你再引用这两个问题来做沟通。

第四节　报　告

首先，回顾一下你在上面章节中应该掌握的内容，在与员工进行沟通和交谈时要注意以下事项：

- 非惩罚性原则；
- 采取询问的态度；
- 平等、友好的双向沟通；
- 赞赏他的安全行为；
- 鼓励他持续的安全行为；
- 提出问题并倾听回答；
- 了解他的想法和不安全工作的原因；
- 找出影响他们想法的因素；
- 评估他对自身角色和责任的了解程度；
- 培养正面与员工进行交谈的工作习惯；
- 了解工作区域各种不同工作所涵盖的各种安全事项。

安全观察与沟通训练在现场的实际运用是很重要的一个环节，安全观察与沟通卡片（SOC）是现场运用安全观察与沟通的有效依据，它可帮助你发挥自己的能力。这张 SOC 卡的每一面都有其功用，你将会在以下章节中学到。

■ 安全观察检查表

当你离开被观察人之后，要及时完成"安全观察检查表"及"安全观察报告"，其分别位于 SOC 卡片的正、反两面，见图 2-7 和图 2-8。

"安全观察检查表"主要包括七大类别，包括人员的反应、人员的位置、个人防护装备、工具和设备、程序、人体工效学、整洁，主要是根据观察时所应遵照的顺序而定的。

当你决定要执行安全观察时，这个安全观察检查表就可以提醒你到底需要观察哪些行为。在做完观察并和员工沟通完毕后，在观察卡上适当的地方打钩，利用这个表综合一下自己的观察结果。

第二章 安全观察与沟通的流程

问题 65 你何时用这个安全观察检查表来提醒自己要观察的行为是哪些？

A. 在对一个员工观察之前

B. 在对一个员工观察之后

问题 66 你何时利用这个表总结一下自己的观察结果？

A. 在对一个员工观察之前

B. 做完观察并和员工谈话完毕后

安全观察检查表	个人防护装备 ☐
表扬 讨论 感谢 观察 沟通 启发	☐ 眼睛及脸部　　☐ 耳部 ☐ 手和手臂　　　☐ 头部 ☐ 脚和腿部　　　☐ 呼吸系统 ☐ 躯干 ☐ 其他
人员的反应 ☐	**工具和设备** ☐
☐ 调整或穿戴上个人防护装备 ☐ 改变原来位置 ☐ 重新安排工作 ☐ 停止或离开作业 ☐ 装上接地线 ☐ 上锁挂牌 ☐ 其他	☐ 不适合该作业 ☐ 未正确使用 ☐ 工具和设备本身不安全 ☐ 其他
	程序 ☐
	☐ 没有建立　　　☐ 不适用 ☐ 不可获取 ☐ 员工不知道或不理解 ☐ 没有遵照执行 ☐ 其他
人员的位置 ☐	**人体工效学** ☐
☐ 被撞击 ☐ 被夹击 ☐ 高处坠落 ☐ 绊倒或滑倒 ☐ 接触极端温度的物体 ☐ 触电 ☐ 接触、吸入或吞食有害物质 ☐ 不合理的姿势 ☐ 接触转动设备 ☐ 搬运负荷过重 ☐ 接触振动设备	☐ 是否符合人体工效学原则 ☐ 重复的动作　　☐ 姿势 ☐ 躯体位置　　　☐ 照明 ☐ 工作区域设计　☐ 工作场所 ☐ 工具和把手　　☐ 噪音 ☐ 其他
	整洁 ☐
	☐ 作业区域是否整洁有序 ☐ 工作场所是否井然有序 ☐ 材料及工具的摆放是否适当 ☐ 其他

图 2-7　安全观察与沟通卡片正面示例

在做完观察之后，如果你所看见的行为都是安全的，就在安全观察检查表各类别右边方框中打钩；如果你在任何一个类别下发现有不安全的行为，就在这一类别下面分项的左边方框中打钩，见图2-7。

问题67　当你进入一个现场进行安全观察时，你应该要观察_____。

A．工作中的人

B．事物

问题68　假设有人在"个人防护装备"类别下，工作行为是安全的，你在完成观察后你应该_____。

A．"个人防护装备"栏右边方框中打钩

B．"个人防护装备"栏右边方框空着

问题69　假设进行安全观察时，发现有员工没有佩戴安全帽这一不安全行为，你在完成观察后你应该_____。[可复选]

A．"个人防护装备"栏右边方框中打钩

B．"个人防护装备"栏右边方框空着

C．在"个人防护装备"以下小项"头部"左边的方框中打钩

安全观察检查表上的类别是根据人员的行动所制订的，即使个人防护装备、工具和设备、程序、整洁似乎都是指事物，但是你必须要观察人员在这些类别中，是否做出安全或不安全的行为。

问题70　正确地使用设备是一种安全的行为，你需要观察一个_____才能看见这个行为。

A．人员

B．机器

问题71　同时你还必须观察_____，以确定是否遵守其程序。

A．人员

B．机器

 记住，人员行为是你进行安全观察的关键所在。

安全观察报告

安全观察与沟通卡片的另一面是安全观察报告。你要用这个安全观察报告描述观察结果，并记录你对于所观察到的需要鼓励或纠正的行为所采取的行动。观察后应立刻完成观察报告，因为这时记忆犹新，而且你已远离所观察的对象。

一个完整的安全观察报告要能让阅读者明白在观察过程中到底发生了什么事情，这可能包括你所观察到的安全或不安全行为、立即的纠正行动、为了鼓励持续安全行为所采取的行动，以及为了防止事故再次发生所采取的行动。这个报告同时还应该注明观察者的名字、被观察的作业区域及观察日期，见图2-8。

安全观察报告
● 所观察的安全行为 ● 鼓励继续安全行为所采取的行动
操作员穿戴工作要求的安全帽，安全眼镜、手套与安全鞋，而且所有的装备都保持在良好的状况。 *与该操作员讨论那份工作，说明安全的工作是重要的，操作员了解安全地工作的需求。* *鼓励该操作员继续保持良好的作业习惯。*
● 所观察的不安全行为 ● 即刻的纠正行动 ● 预防再次发生的行动
观察员签名：*李××* 区域／部门：*生产部* 日　　　期：*2011年12月10日*

图2-8　安全观察与沟通卡片反面示例

问题72　一个完整的观察报告应该能告诉阅读者_____。[可复选]

A. 你所观察到的任何安全的行为

B. 为了鼓励持续安全的行为，你所采取的行动

C. 你所观察到的任何不安全的行为

D. 你立即采取的纠正行为

E. 为了防止事故的再度发生所采取的纠正措施

F. 你的名字

G. 你观察的作业区

H. 日期

■ SOC 卡片的完成

记住，采取行动、讨论安全或不安全行为，要由你来决定。当你指出所观察到的行为时，你就是在鼓励安全的作业行为，预防将来再次发生不安全的行为，或者你希望他们能改善某些工作行为。你的安全观察报告就是告诉别人，你对所观察到的行为和所采取的行动。

问题 73 谁要为你属地范围的安全绩效负责？

A. 我

B. 安全部门要负责

问题 74 因为你要对自己属地范围的安全负责，所以你采取行动，和被观察的人员讨论，是让他们知道你很关心他们的安全。

A. 对

B. 错

问题 75 采取行动是让别人知道你关心他们安全的重要方法之一，你的安全观察与沟通卡片就应该能够显示出这一点，看看图 2-9 这张 SOC 卡，它完整吗？

A. 是

B. 不是

问题 76 采取行动是让别人知道你关心他们安全的重要方法之一，你的安全观察与沟通卡片就应该能够显示出这一点，看看图 2-9 这张卡片，这张卡片上要加上什么才算完成？[可复选]

A. 在完全安全的类别右边要打钩

B. 在不安全小项的左边要打钩

C. 观察者立即采取的纠正行动

D. 观察者为了防止事故再次发生所采取的行动

E. 观察者的名字和作业区

F. 被观察者的名字

绝对不能写下被观察人员的名字，甚至性别，可以使用"操作员"、"员工"、"机械技工"、"职员"等字眼，或者用职务来表示。

安全观察检查表		安全观察报告
表扬　讨论　感谢　观察　沟通　启发		● 所观察的安全行为 ● 鼓励安全行为所采取的行动
人员的反应	☐	
☐ 调整或穿戴上个人防护装备 ☐ ……		
人员的位置	☐	● 所观察的不安全行为 ● 即刻的纠正行动 ● 预防再次发生的行动
☐ 被撞击 ☐ ……		
个人防护装备	☐	电焊工穿过要戴安全帽的区域，但并未戴安全帽。
☐ 眼睛及脸部　☐ 脚和腿部 ☐ 耳部　　　　☐ 呼吸系统 ☐ 手和手臂　　☐ 躯干 ☑ 头部　　　　☐ 其他		
工具和设备	☐	
☐ 不适合该作业 ☐ ……		
程序	☐	
☐ ……		
人体工效学	☐	观察员签名：李×× 区域/部门：生产区域 日　　　期：2011.12.10
☐ ……		
整洁	☐	
☐ ……		

图 2-9　安全观察与沟通卡片填写示例

> **重要提示** 切忌直接在安全观察与沟通卡片上写下被观察人员的名字。

问题77　你何时应填写安全观察与沟通卡片？

A. 当你采取行动，远离被观察人之后

B. 在进行观察时

C. 在卡片收集之前

D. 这个周末

需要提醒的是，使用此卡是用来记录与安全观察有关的内容，绝不可以让填写这张卡的动作干扰了你的观察。

当你还在安全观察与沟通的训练期，安全观察与沟通卡片上所提供的资料，可以显示将安全观察与沟通应用在工作上的进步情形。你的指导者可以利用你卡片上所显示的资料，将重点放在几个特定的工作环节上。

当完成正式的安全观察与沟通训练时，你会加入所在企业的安全观察与沟通计划。你要把完成的安全观察与沟通卡片交给你的直线领导和安全部门做更进一步的分析，它将会被用来找出企业存在的安全问题，并作为进行持续改进的依据。

问题78　你为什么使用安全观察与沟通卡片？　[可复选]

A. 显示安全观察与沟通训练课程的进度

B. 让训练中的安全观察与沟通团体讨论更有助益

C. 帮助公司在训练结束后，掌握危险性的行为

问题79　完成安全观察检查表及安全观察报告，是你在安全观察与沟通里所采取的_____。

A. 第一步

B. 最后一步

需要注意的是，不要让员工以为填写安全观察与沟通卡片是在找他们的麻烦。当你填写安全观察与沟通卡片时，请远离员工，以免他们觉得自己被"记录"。如果被观察人员问到这张卡，你要让他知道，他的名字不会出现在安全观察与沟通卡片上，只有观察结果及采取的行动。

> **重要提示** 安全观察与沟通卡片不具有任何惩罚的作用。安全观察与沟通若要取得成功，必须和惩戒制度分开。

必要时，你也可以将完成的安全观察与沟通卡片出示给员工看。因为实施安全观察的目的是帮助员工更加安全地工作。

■ 本章问题讨论

你在安全观察与沟通训练的下一步就是团体讨论。为了准备这个讨论，请回答下列的问题。

1. 针对本书中所介绍的安全观察与沟通的原则和初步的技巧，写下两个或三个相关，而且你认为小组成员会有兴趣讨论的问题。下面给出了一些议题事例，如：

——如何克服传统安全检查时的不良习惯？
——进行整体观察时有哪些技巧和注意事项？
——在工作现场你如何设定较高的安全标准？
——如何更好地鼓励和肯定员工的安全行为？
——制止和纠正不安全行为时应注意什么问题？
——为什么对不安全行为纠正后还要采取纠正措施？
——与员工进行沟通与交流时应注意哪些问题？
——在倾听员工谈话时应注意什么问题？
——如何对员工提出的问题进行积极而有效的反馈？

2. 实施安全观察与沟通对于你和你属地范围内的员工有何助益？

3. 在安全观察与沟通推行期间，有些管理者不太愿意与员工进行沟通，原因在哪里？你有什么好的解决办法？

4. 当你开始将安全观察与沟通运用到工作中时，你认为什么会是你所将面临最大的挑战？

这些问题你还将在本手册的后续章节进行更为详细的系统学习，你事先的讨论会使后面的学习更有成效。

■ 本章问题解答

问题1 A	问题25 听
问题2 绩效	问题26 上面、后面
问题3 A	问题27 B
问题4 A	问题28 B
问题5 B	问题29 B
问题6 A	问题30 A
问题7 A B C	问题31 A
问题8 B	问题32 A B
问题9 C	问题33 A
问题10 D	问题34 A
问题11 A	问题35 A
问题12 B	问题36 B
问题13 A	问题37 A
问题14 A C E	问题38 A B
问题15 A	问题39 A
问题16 D	问题40 A
问题17 A	问题41 B
问题18 B	问题42 B
问题19 B	问题43 A
问题20 A	问题44 B
问题21 A	问题45 纠正，纠正措施
问题22 下面、里面	问题46 A
问题23 A	问题47 A
问题24 B	问题48 A
	问题49 A B C
	问题50 A B C D

问题 51　B

问题 52　B

问题 53　A

问题 54　肯定，讨论，沟通，启发、感谢

问题 55　A

问题 56　B

问题 57　B

问题 58　B

问题 59　B

问题 60　B

问题 61　B

问题 62　意外，伤害

问题 63　B

问题 64　如果，这项工作

问题 65　A

问题 66　B

问题 67　A

问题 68　A

问题 69　B C

问题 70　A

问题 71　A

问题 72　A B C D E F G H

问题 73　A

问题 74　A

问题 75　B

76　A B C D

77　A

78　A B C

79　B

整体观察练习（参见下图）

(1) 钩子上没有防脱落手段；

(2) 吊东西时不平衡；

(3) 未戴安全帽；

(4) 开车没看后面；

(5) 边说话边操作；

(6) 没盖好；

(7) 东西散乱；

(8) 窗户破了；

(9) 在工作现场跑动；

(10) 没系安全带；

(11) 没有安全护栏；

(12) 动部位没有盖；

(13) 缺少传送带；

(14) 堆积的货物超过了标志线的高度；

(15) 护栏脱落；

(16) 部件快要从桌子上掉落下来；

(17) 电缆线缠住了；

(18) 火星沾在电线上；

(19) 没有安全眼镜和安全面具；

(20) 东西未加固定手段；

(21) 一只手开车

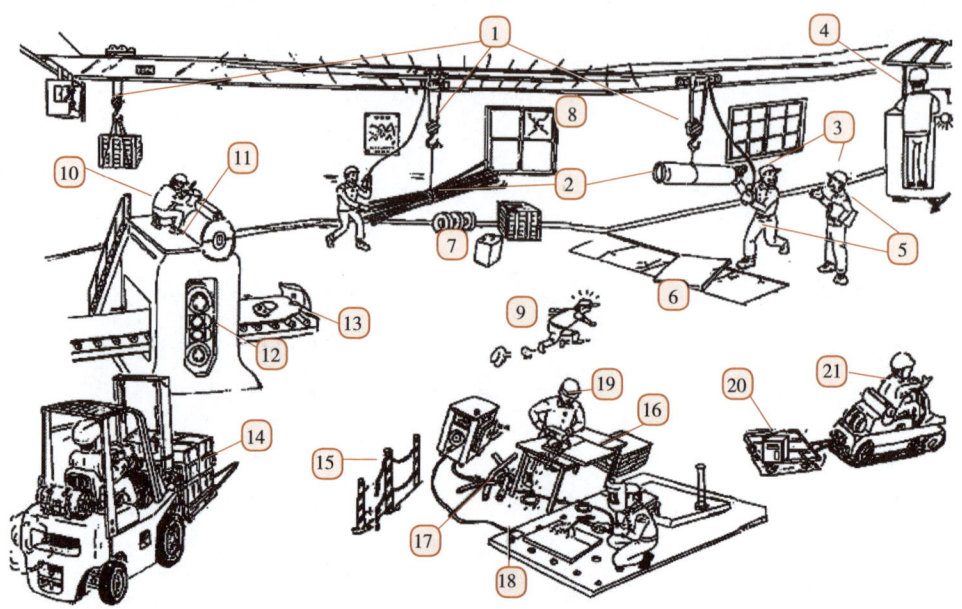

第三章
安全观察与沟通的内容

安全观察与沟通系统可以使你成为安全事务的赢家，帮助你利用观察来赢得安全绩效。安全观察与沟通通过综合参考以往的伤害调查、事件调查以及安全观察的结果，重点关注可能引发伤害的行为。

安全观察的内容主要包括七大类别，包括人员的反应、人员的位置、个人防护装备、工具和设备、程序、人体工效学、整洁，其排列的先后次序主要是根据观察时所应遵照的顺序而定的，如图3-1所示。

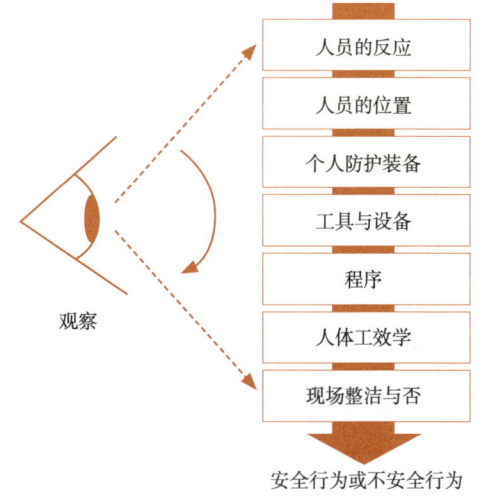

图3-1 安全观察的次序和内容

◆ 人员的反应：员工在看到他们所在区域内有观察者时，他们是否改变自己的行为，从不安全行为到安全行为。

◆ 人员的位置：员工是否处于有利于减少伤害发生几率的位置。

◆ 个人防护装备：员工使用的个人防护装备是否合适，员工是否正确使用，个人防护装备是否处于良好状态。

◆ 工具和设备：员工使用的工具和设备是否合适，是否正确，工具是否处于良好状态，非标准工具是否获得批准。

◆ 程序：是否有操作程序，员工是否理解并遵照执行。

◆ 人体工效学：办公室和作业环境是否符合人体工效学原则。

◆ 整洁：作业场所是否整洁有序。

> **重要提示** 安全观察与沟通的精神：各级管理者与员工共同讨论安全事项。

你所在的组织能否成功地运用安全观察与沟通来创造一个安全的作业环境，依赖每个管理者的承诺和实际参与。每一个高层管理者、属地主管或班组长都需要进行安全观察与沟通，并把安全列为每一项工作的优先考虑事项。有了你的积极参与会使成效大不相同！

本章阅读提示

对于本章第一节至第七节的问题讨论，说明如下：

你的直接领导或安全观察与沟通指导者将安排日程，进行至少一次的联合安全观察。除了联合安全观察外，尽可能地使用本节学到的内容多进行几次个人观察，并把完成的SOC卡片带到讨论会，你的直接领导或指导者会利用这些卡片来调整团体讨论，帮助你改进并达到你的需求。

你也应该尽快组织你的直线下属进行另一个团体讨论，你和你团体中的其他成员可以有一个机会谈到你们自己的目标和需求，你可以把重点放在如何让安全观察与沟通适合你们自己的情况。

第一节　人员的反应

当员工注意到他的工作正在被观察时，他可能立刻改变自己的行为，从不安全状态到安全状态。这些反应通常表明员工知道正确的作业方法，只是由于某种原因没有采用。

或许他们认为安全的作业行为是制度规定的，是被动性的，安全与不安全的行为对他们本身来说并没有任何区别。在这样的思想指引下，他们也许会认为不安全行为是一种需要隐藏的行为，而不是会造成他们自身或他人伤害的行为。

关于消失的行为

为何人员的反应是重要的呢？因为有时由于你的出现，有些人员会做出反应，即停下或纠正他们的不安全行为。通常这些反应是在看到你进入作业区内的 10 秒到 30 秒之间出现的，在这段时间内某些不安全行为会完全地"消失"。

这就是"消失的行为"，即立即消失不见的不安全行为，包括戴上或调整个人防护装备、改变身体的姿势或自身的位置、改用正确的工具和设备、抓住扶手、系上安全带，甚至于完全停止手中的工作等。你必须对这些反应有所警觉，因为这可能是发现不安全行为的线索。

问题 1　消失的行为消失得很快，这就是为什么当你进入一个区域观察时，在开始的＿＿＿到 30 秒内你需要仔细地观察消失的行为。

问题 2　如果你未在一开始的 10 秒到 30 秒之间仔细地观察，你可能看不到"消失的行为"。

A. 正确

B. 错误

例如，一位员工搬一些货物到仓库，他用一个旧木箱子当作踏板，去拿架子上的箱子。当他看到他的属地主管朝他走来时，立即从旧木箱子上下来。这位属地主管并未仔细观察他的行为，他没有观察到这位员工的动作。

问题3 这是一种_____动作，因为它在10秒到30秒之间消失。

A. 消失的

B. 可见的

问题4 你应该对员工的反应有所警觉，因为它们是_____。

A. 已发生的不安全行为的证明

B. 不安全行为的线索

进行安全观察时，人员的哪些反应你应该警觉？根据安全观察检查表，下面列出了重要的项目：

人员的反应 □
□ 调整或穿戴上个人防护装备
□ 改变原来位置
□ 重新安排工作
□ 停止或离开作业
□ 装上接地线
□ 上锁挂牌
□ 其他，如改变姿势、改变工具、注意力变化等

前面讲过，安全观察检查表中的分类，是依据可能发生的关键行为的顺序来安排的。因此，当你进入属地进行观察时，首先观察人员的反应，因为你只有很短的时间来观察这些内容。运用安全观察检查表，针对"人员的反应"，回答下面的问题。

一位炼油厂的工人在修理管线上的控制阀，他一只脚踏在梯子上，另一只脚踏在一根较低的管线上而正要把身子歪过去，刚好看到属地主管来了，很快地将双脚退回梯子上。

问题5 这位工人因属地主管到达现场而做出的反应就是_____位置。

约半小时后，同样是那位工人在工作，他将护目镜搁在安全帽之上，当属地主管来时，很快地将护目镜戴好。

问题6 这次这位员工的反应是_____个人防护装备。

问题7 这位员工看到属地主管的反应是停止他的不安全行为，但为预防再次发生，该工人的属地主管必须_____，直到他了解为什么他的行为具有危险性。

A. 和他沟通

B. 指责他的行为

问题8 该工人的属地主管对他自己的安全绩效如何评估？

A. 满意

B. 不满意

一名员工在你属地内工作，他将传动链条保护罩打开而未将电动机的电源上锁。当你接近时，他立即去上锁。

问题9 他看到你出现后的反应是_____。

问题10 由于这件事情发生在你的属地范围，你对自己的安全绩效如何评价？

A. 满意

B. 不满意

问题11 谁要对你属地范围的安全绩效负责？_____应该负责。

■ 找寻原因及防止再次发生

你现在了解到你所看到的任何一个反应，都可能是不安全行为的线索。但是，除非你看到不安全行为的确发生了，否则你将无法采取防止其再次发生的纠正措施。

> **重要提示** 当你观察一个反应时必须探讨三件事情。第一，是否该人员尝试改正其不安全行为？第二，如果有不安全行为发生，到底是哪些行为？第三，这些行为产生的原因是什么？

假若你观察两位正在清除一个混合槽上的尘埃和残留物的员工。他们首先必须要除掉搅拌轴上的外罩，此时，如果未将搅拌器电动机电源依照作业手册的说明进行上锁，则可能对人员造成伤害。

有一位作业人员看到你出现之后就马上离开，向电气室的方向走去。另外一个人则离开混合槽，你看到防护罩被放置在地上。

问题12　这时你该怎么办？

A. 调查状况，你所观察到的行为可能是不安全行为的一种线索

B. 什么都不做，不需要你的参与，他们会把事情做好

当你跟随第一位工人进入电气室时，你看到他正在搅拌器的主开关上上锁。

问题13　这时你又该怎么办？

A. 与这位工人进行讨论，了解不上锁的原因

B. 与这位工人进行沟通，就如何安全工作取得一致意见

假设现在你采取沟通的行动，和员工探讨各项工作，他们承认在工作之前未将开关上锁是不安全的行为。你使用"如果一旦……"和"如何"问答的方式询问他们，帮助他们了解可能造成的严重伤害，你们取得一致意见以后他们会执行上锁的程序。

不安全的行为之所以会发生，是由于人们没有认识到其行为可能给自己或别人带来危害，也不了解为什么他们的行为是危险的。但是这并非造成不安全行为的唯一原因。你可能想到很多造成不安全行为的其他原因。

> **重要提示**　防止人员不安全行为再次发生的最有效方法，是纠正或消除造成不安全行为的间接原因。

下面列出了一些造成不安全行为的间接原因：

◆ 知识或训练不足；

◆ 侥幸心理，认为"不会在我身上发生"或"这次不会发生"；

◆ 习惯性，以前几乎都是这样完成的；

◆ 没有正确的个人防护装备；

◆ 因为过去没有被纠正，认为这种作业行为是可以接受的；

◆ 想要引起他人注意或成为团体中的一员；

◆ 要展现个人的独特性；

- ◆ 认为作业现场的舒适、生产比安全重要；
- ◆ 工作或非工作时的情况影响到士气的问题。

现在你使用安全观察与沟通卡片做观察记录：

安全观察检查表	安全观察报告
表扬　讨论　观察　沟通　启发　感谢	● 所观察的安全行为 ● 鼓励安全行为所采取的行动
人员的反应 □	
□ 调整或穿戴上个人防护装备 □ 改变原来位置 □ 重新安排工作 □ 停止或离开作业 □ 装上接地线 □ 上锁挂牌 □ 其他	● 所观察的不安全行为 ● 即刻的纠正行动 ● 预防再次发生的行动
人员的位置 □	
□ 被撞击 □ ……	
个人防护装备 □	
□ 眼睛及脸部 □ ……	
工具和设备 □	
□ 不适合该作业 □ ……	
程序 □	
□ 没有建立 □ ……	观察员签名： 区域/部门： 日　　期：
人体工效学 □	
□ ……	
整洁 □	
□ ……	

你或许能想到造成不安全行为的其他间接原因，这些间接原因并非借口，它们能帮助你了解不安全行为产生的原因，你专注于间接原因的目的是防止再次发生，以消除伤害。

重要提示 想要知道间接原因的最佳办法就是与员工进行沟通，相互探讨，倾听员工的想法。

发现不安全行为产生的间接原因，然后可以依据你所学到的或所在组织的规章制度采取相应的行动。

请阅读下面的安全观察报告：

安全观察报告
● 所观察的安全行为 ● 鼓励继续安全行为所采取的行动
....
● 所观察的不安全行为 ● 即刻的纠正行动 ● 预防再次发生的行动
员工进行喷漆作业时，未戴呼吸防护器。 叫员工戴上呼吸防护器。
观察员签名： 刘×× 区域/部门： 喷涂车间 日 期：2011/05/07

问题14 厂长刘某有没有和员工沟通以了解原因？

A. 有

B. 没有

问题15 厂长刘某有没有采取防止该行为再次发生的措施？

A. 有

B. 没有

不久之后，在同样的作业现场，车间主任看到这位员工仍然未戴呼吸防护器在进行喷漆作业，车间主任要求员工停止工作，并且进行交谈。

> **沟通示例**
>
> **车间主任**：我看到你没有戴呼吸防护装备。
>
> **员工**：戴上它我很难呼吸！我有窒息的感觉。好像大家都只关心要符合规定，但戴一个无法呼吸的防护装备，我认为是没有道理的。
>
> **车间主任**：好像这防护装备对你造成很大的困扰，你今天有没有更换过滤罐？如果它堵住了，就会造成呼吸困难。
>
> **员工**：你是说不更换过滤罐会造成呼吸困难吗？我倒是没想过。
>
> **车间主任**：你还记得在呼吸防护装备培训课上讨论过的问题吗？
>
> 车间主任和员工回顾了相关训练内容及油漆危害，然后员工去找新的过滤罐更换到呼吸防护装备上。

车间主任填了安全观察与沟通卡片。同时记下要发一个备忘录给属地主管，备忘录上也注明要求属地主管与所有使用过滤式呼吸防护器的员工进行沟通，以确认呼吸防护装备的教育训练是有效的。

问题 16 车间主任有没有立刻采取纠正行动及防止其再次发生的行动？

A. 有

B. 没有

问题 17 车间主任有没有和员工沟通，使其了解为什么他的行为是危险的？

A. 有

B. 没有

问题 18 车间主任有没有给员工机会，说明他为什么不想戴呼吸防护装备？

A. 有

B. 没有

问题 19 车间主任有没有采取行动去消除此不安全行为的间接原因？

A. 有

B. 没有

一位员工正在将易燃性油品装入槽车，按照规定进行这项工作需要使用接地线。这位员工穿戴着正确的个人防护装备，当他看见属地主管朝他走来时，立刻开始装接地线。属地主管观察员工的反应，属地主管与这位员工有下面的对话。

沟通示例

属地主管：你好，装车工作多久做一次？

员工：哦，至少一星期两次。

属地主管：我已注意到你刚刚在槽车上装接地线，你知道为什么需要接地线？

员工：当然，避免在装入油品时发生静电累积。如果发生静电累积可能引起火花，造成火灾或爆炸。

属地主管：既然你知道这个严重性，为什么你不用接地线？

员工：我没有使用接地线的习惯，大家也都和我一样这么做。对我来说，也是偶尔才进行装车，引起火灾的机会很小很小。

属地主管：我同意并不是每一次都会发生火灾，但是如果一旦发生火灾而且引起爆炸，那怎么办？

员工：那我就完蛋了，我明白你的意思了。

属地主管：你认为如何能够养成使用接地线的习惯？（等等讨论）

问题20 属地主管是否与员工谈话，直到员工了解为什么不使用接地线容易发生危险？

A. 是

B. 否

问题21 属地主管是否注意倾听员工的说明，并让他解释为什么如此的行为是危险的？

A. 是

B. 否

问题 22　属地主管找到的员工不安全行为的间接原因是什么？

A. 习惯（我们一直都是这么做的）

B. 缺乏知识

问题 23　属地主管有没有采取行动，以消除不安全行为的间接原因？

A. 有

B. 没有

应该注意的是，由于心理原因产生的不安全行为主要是个性心理特征下所产生的非理智行为。在安全管理过程中，控制非理智行为是非常细致的一项工作。个性心理特征能决定人对某种情况的态度和行为，如鲁莽、冒险、草率、逞能、懒惰、侥幸、麻痹、逆反心理所支配的非理智行为，往往成为产生不安全行为的原因。

正面交谈示例

1. 可不可以耽误你 1 分钟的时间？请告诉我你正在进行的工作是什么？

2. 在你的工作上需要哪些个人防护装备？是不是每次都有个人防护装备供你使用？装备的状况良好吗？你是否接受过使用个人防护装备的训练？

3. 你是否可以换到其他的工作位置，使得这项工作能进行得更安全？

4. 你的工作可能产生哪种事故？你最担心的是哪一部分？为什么？

5. 在你的工作中有没有采用过违背安全做法的捷径？你这样做的原因是什么？

6. 如果一旦……可能会发生什么事？

7. 你如何能使这项工作更安全？

8. 在这些状况下，你或其他人会受到什么样的伤害？

9. 你了解你的主管对你在安全方面有哪些期望吗？

10. 你如何评价你的主管组织的安全活动？

11. 如果是你负责执行该安全活动，你将如何开展？

■ 本节问题讨论

为了准备本次讨论，回答下面的问题。你针对问题所做的回答加上在小组会议上的讨论，将决定讨论有多大的价值。请务必带本手册去参加这样的团体讨论。

1. 列出与不安全行为的间接原因有关的问题。

2. 当你出现时，你看到以不安全行为工作的员工有什么反应？

3. 你可以通过询问什么问题，来找出不安全行为的间接原因？

4. 为实现无事故的业绩目标，你正采取哪些行动？

你认为有价值的其他讨论议题，可在下面进行补充：

_____
_____
_____

■ 本节问题解答

问题1	10秒	问题13	A B
问题2	A	问题14	B
问题3	A	问题15	A
问题4	B	问题16	A
问题5	改变	问题17	A
问题6	调整	问题18	A
问题7	A	问题19	A
问题8	B	问题20	A
问题9	进行上锁	问题21	A
问题10	B	问题22	A
问题11	我	问题23	A
问题12	A		

第二节　人员的位置

人员的位置有多重要呢？由其导致的后果在不安全行为所产生的危害后果中占有多大的比例呢？前面提过，依据过去十年杜邦公司的研究，大约30％的伤害和人员的位置有关。因此，人员的位置也是与安全有关的重要因素之一。

■ 观察人员的位置

当你观察人员工作时，是否考虑到所观察人员的位置是否安全？是否有人处于危险位置呢？观察重点是列在安全观察检查表中的伤害原因，它可以帮助你发现一些你原先并未预想到的问题。记住，没有人希望受伤，伤害事件都是一些意料之外的事件。

问题1　安全观察检查表中所列的伤害原因，可以帮助你预先看到万一_____事故发生时，所可能造成的后果。

A. 不可预期的

B. 可预期的

有一名维修人员准备用一台原本不是设计用于湿地板的电动打蜡机。而部分地板正好才清洗过，且该名人员就站在湿的地板上。若他插上插头，很可能会严重受伤甚至死亡，尤其是当他的手还是湿的时候。这名员工并不知道存在这样的危险，但如果你使用安全观察检查表小心观察，便可以发现这个危险。接着你应该采取立即纠正行动，要求这名员工小心地关掉打蜡机并拔掉插头，接着要求他小心地离开那块潮湿区域，并与你谈话。

在这个例子中，为了预防再次发生此种不安全行为，你应和这名员工沟通，直到他明白在潮湿的地方使用电器设备可能会造成的危害，你的目的是使这名员工接受安全的作业行为。

进行安全观察时，由于人员的位置可能引起伤害的哪些原因你应该警觉？根据安全观察检查表中的内容，下面列出了重要的项目：

人员的位置（伤害原因） ☐
☐ 被撞击，指身体／某部位可能被撞击；
☐ 被夹住，指身体／某部位可能被夹住；
☐ 高处坠落，身体可能从高处坠落；
☐ 绊倒或滑倒，指可能被地面物体绊倒或滑倒；
☐ 接触极端温度的物体，指身体某部位接触；
☐ 接触电流，指身体某部位接触；
☐ 接触、吸入或吞食有害物质，指身体；
☐ 不合理的姿势，指身体／某部位；
☐ 接触转动设备，指身体／某部位；
☐ 搬运负荷过重，主要是徒手；
☐ 接触振动设备，指身体／某部位

■ 调查伤害原因

你的属地中是否有人进行举、拉、推、伸的作业？他们需爬楼梯吗？需处理危害物质吗？这些工作都有潜在的危害，你的责任是找出这些危害并帮助其他人员识别它们。利用人员的位置的伤害原因回答下列问题。

一名建筑工地维修工人正在脚手架上进行修理作业，当他在松开一个螺帽的时候，扳手滑掉了，弄伤了他手指关节的皮肤。接着扳手掉下去，将另一名员工砸伤。

问题2　这名维修工人因_____到物体造成受伤。

问题3　当扳手掉落击伤其他人员时，这名员工被物体_____造成受伤。

一名加油站店员正要以板车搬运一堆装箱的货物时，箱子滑落，压住了店员的脚，使店员陷于箱子及货柜之间，难以动弹。

问题4　这名店员因被物体_____而受伤。

问题5　另一名店员跑到现场时，他因_____在地面上而受伤。

一名炼油厂维修员工在一台设备上面工作时,有人叫他,结果这名员工失去平衡从设备上跌落下来。

问题 6 这名维修员因_____而受伤。

一名实验室的技术人员在毫无保护的情况下,空手伸入冷冻箱拿几块干冰而造成严重冻害。

问题 7 这名技术人员因接触极低的_____而受伤。

一名工人拿电钻钻一个金属设备,他并没有使用附有接地线的延长线插头。电钻短路,造成该名员工遭到电击并失去知觉数秒钟。

问题 8 这名工人因接触到_____而受伤。

一名员工发生呕吐现象,医护人员检查后发现他之前曝露在毒性蒸气之中。

问题 9 这个现象是由于吸入有毒蒸气,或经由皮肤_____有害物质而引起的。

■ 填写安全观察报告

随着安全观察与沟通训练的进展,你会发现你填写安全观察报告的技巧也会有相应的提高。一开始你可能会觉得填写简洁的、表达充分的报告是一项挑战,但随着你对这项新方法的练习,情况将会越来越好。

回顾一下,安全观察报告应该让看报告的人了解,你所观察到的任何安全或不安全的行为以及你采取的行动,它同时也记载观察者的姓名,观察区域及观察日期,它不应显示被观察者的姓名甚至性别,使用"该名员工"、"该名技工"等来代替"他"或"她"。

问题 10 安全观察报告应该_____。[可复选]

A. 让阅读者容易知道你所观察的人是谁
B. 让阅读者知道你观察到的任何安全或不安全行为
C. 让阅读者知道你所采取的行动
D. 显示观察者的姓名、观察区域及观察日期随着安全观察与沟通训练的进行，你将有很多机会来阅读安全观察报告并且练习这项技巧。一名操作员正在将粉状物质倒入混合槽中，这类物质具有腐蚀性并会产生毒性粉尘。操作员属地主管在观察报告上的记录如下：

安全观察报告
● 所观察的安全行为 ● 鼓励继续安全行为所采取的行动
● 所观察的不安全行为 ● 即刻的纠正行动 ● 预防再次发生的行动
混合槽的操作员并未戴呼吸防护具，同时将袖子卷起。 告诉此操作员去配戴呼吸防护具，并将袖子放下。警告该操作员不要再以此方式进行工作。
观察员签名：　田×× 区域/部门：　作业现场 日　　　期：　2011/07/06

问题11　这项警告对改善操作员的整体安全表现有帮助吗？

A. 是，这名操作员所需要的就是警告

B. 否，这名操作员可能仍然不知道相关的危害

这个安全观察报告反映出观察者还是很缺乏安全观察与沟通的知识和技巧，属地主管没有与员工进行更多的沟通，不了解员工知不知道作业中的危害？不了解员工这什么会这么做？没有找到员工不安全行为的间接原因是什么？没有采取行动，以消除不安全行为的间接原因？

正面交谈示例
1. 在你的属地范围中，有哪些严重的潜在伤害原因？ 2. 当你在做一件工作时，你是否会检查你的头顶，以确定没有东西会伤害到你或其他人？

3. 你可以采取什么措施来保护位于你下方的人？

4. 你的后方是否有东西可能突然伤害到你？

5. 你是否有碰到特别冷、热或湿的东西？

6. 你是否可以换到其他的工作位置，使得这项工作能进行得更安全？

7. 当你观察到某人的位置可能导致伤害时，你应该采取什么行动？（交谈，直到他了解为什么不安全的行为会引起危险为止；倾听，让他有机会告诉你有哪些危险）

8. 是否有意外的事发生，可能导致你或他人受伤？例如什么情况？

9. 在这些状况下，你如何保护自己与他人不受伤害？

10. 如何能使工作更安全？

■ 本节问题讨论

为了准备本次讨论，回答下面的问题。你针对问题所做的回答加上在小组会议上的讨论，将决定讨论有多大的价值。请务必带本手册去参加这样的团体讨论。

1. 请列出当你要与刚被观察过的员工进行交谈沟通时，你会考虑哪些事项？

2. 在你的属地范围内，有哪些可能造成严重伤害的潜在原因？

3. 你的属地范围内，有哪些可能产生高处坠落等与人员的位置有关的风险？

4. 要避免在你的属地范围内发生会导致伤害的不安全行为，最好的办法是什么？

你认为有价值的其他讨论议题，可在下面进行补充：

_____

_____

_____

本节问题解答

问题 1　A

问题 2　撞击

问题 3　撞击

问题 4　夹击

问题 5　跌倒

问题 6　跌落

问题 7　温度

问题 8　电击

问题 9　吸入

问题 10　B C D

问题 11　B

第三节　个人防护装备

杜邦公司一项十年研究的结果显示，每九件伤害事故中，就有一件和个人防护装备有关，充分显示了员工个人防护装备的重要性。

有关个人防护装备

个人防护装备能在人与危险之间提供一层屏障，它的主要作用是避免人员暴露在非必要的危险状况下。例如，很多作业区域存在各种不同的火源，如火花、焊接火焰、加热炉或其他火源等。在这些场所中，工作人员必须穿戴防焰、耐燃布料的工作服，以防止不必要的暴露在危害环境之中。

问题 1　观察工作人员是否穿戴必要的个人防护装备，以防止不必要的暴露于_____之中。

防止伤害是重要的，但你更应该注意员工是如何使用个人防护装备的。有经验的观察者会发现，正确穿着个人防护装备的人员通常也会遵守其他的安全作业要求。同样地，未能正确穿戴个人防护装备的员工，通常也会忽视其他的安全作业要求。

问题 2　你的员工工作时，总是会穿戴正确的个人防护装备，这意味着他们还可能会_____其他安全规定。

问题 3　当你观察到某员工穿着正确的个人防护装备时，你应该_____。

A. 不理睬这个人

B. 告诉他，以强化安全的作业行为

问题4　假设你观察到某人没有正确地穿戴个人防护装备，首先你应纠正这个不安全的行为，然后为防止其再次发生，你应和这个员工_____，找到他这样做的原因，直到他了解为什么这样的行为是不安全的。

问题5　有一个方法可以评估你的安全绩效和你的属地范围内人员的安全绩效，就是看他们如何使用个人防护装备。

A. 对

B. 错

问题6　身为经理、部门主管或属地主管，你应对属地范围的_____人员的安全绩效负责。

重要提示　当你观察人员如何用个人防护装备时，需养成一个习惯，从头部开始，然后由上而下到脚部，要确认身体每一部分均受到保护。

根据安全观察检查表中的内容，下面列出了重要的项目：

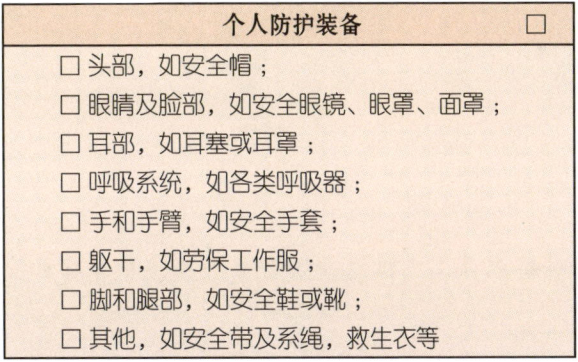

问题7　当你检查个人防护装备时，必须确定检查是从____到____，确认身体的每一个部分均受到了保护。

进行个人防护装备有关的观察时，你必须充分接近地去看他们正在做什么，以及使用何种个人防护装备。同时，当你和员工讨论时，你要确认他们所用的个人防护装备是否适用于该项工作，装备状况是否良好，是否被正确地使用。你应该检查防护装备有否损坏，与员工讨论检查程序，或者采取其他的必要行动。

问题 8　进行个人防护装备的观察时，你必须要：_____。

A. 接近员工，看到他们正在做什么和他们穿什么个人防护装备

B. 尽可能远离员工

C. 观察防护装备是否适用于该项工作

D. 防护装备是否完好，是否被正确地使用

■ 加强安全工作行为

假定你正在观察实验室的一位员工，该员工所需要的个人防护装备有：防护衣服、防护手套、护目镜。

问题 9　员工身体的哪些部分已被保护，避免工作时暴露于危险之中？

A. 头部

B. 眼睛

C. 耳部

D. 呼吸系统

E. 手臂与手

F. 躯干

G. 脚

问题 10　你观察到员工已依照要求穿戴个人防护装备并安全地进行工作，现在你应该：_____。

A. 采取询问的态度，与这位员工交谈他的安全工作行为

B. 由于他正安全地进行工作，因此不必理会他

你要与这位员工谈话，因为当安全的作业行为被强化时，他可能会继续执行；但是如果安全的作业行为被忽视，他可能会停止。你可以使用"如果一旦"与"如何"式的问题来强化安全工作行为。以下是谈话的进行方式。

情景举例

经理：甲，我能和你谈几分钟吗？

甲：当然，有什么事呢？

经理：我注意到你已穿戴防护手套、防护衣服与护目镜。你看起来工作得很安全。

甲：是的，我一直尽力遵守。

经理：你能告诉我这工作的内容吗？我在想如果发生意外的话，会造成什么样的伤害？我们又如何可以让这项工作做得更安全？

甲：老实跟你讲，我从上次使用这种溶剂到现在已有一段时间了，也许我应该查阅这种溶剂的安全技术说明书了！

经理：好主意！

问题11 上述的例子里，如果经理因为甲显然已遵循安全工作准则，因而不过去与他谈话，则_____。[可复选]

A. 甲可能不知道经理赞许他安全地进行工作

B. 甲可能不会查阅安全技术说明书

记得、了解理由可以增加安全行为的动机。当员工知道他正在做的事情的理由时，他更可能会继续如此做，尤其是知道这样做对自己有利的时候。因此，这是强化安全作业行为的另一个原因：确定员工了解他们需要安全地工作的原因，有助于确保员工继续遵循安全作业行为。

 当员工遵循安全作业行为时，你与他们谈话，可让员工感到你非常重视安全。

问题12 使用询问的态度，询问"如果一旦"与"如何"问题的时机是_____。

A. 只有当员工有不安全的行为时

B. 当你和员工讨论安全或不安全行为时

■ 使用安全检查表

现在你知道，对于个人防护装备应该注意的事项。在你进行安全观察之前，你先使用安全观察检查表作为参照，观察员工个人防护装备的佩戴情况。

问题 13 现在回想一下安全观察检查表，然后列出受个人防护装备保护的人体七个部分：

A. ___头部___

B. _____

C. _____

D. _____

E. _____

F. _____

G. _____

在安全观察检查表中所列的个人防护装备并非已包括全部类型，如将所有可能的个人防护装备列出，将会是一张很长的表单。

在进行安全观察与沟通之前，先复习一下在安全观察检查表上"个人防护装备"一栏所列的项目。然后将安全观察检查表收起来，在完成观察并和被观察者交谈过后，再利用安全观察检查表记录你的观察结果。你可以通过在表中"完全安全"的方框中打勾或各项目左边的方框中打勾，将任何你观察到的事项记录下来。

举例来说，假设你在进行安全观察与沟通前复习了一下安全观察检查表，然后你观察到，有一位员工在高噪声区工作但未戴耳塞。

问题 14 你应立刻纠正，并与他沟通以防止此种行为再次发生，在你_____员工时，在安全观察检查表中有关"耳部"的项目左边方框中打勾。

A. 靠近

B. 远离

你完成的安全观察检查表，将是安全观察与沟通中有关"报告"的一部分。下面，你将会学会如何通过填写安全观察报告，完成安全观察与沟通卡片。

■ 完成安全观察报告

安全观察报告是安全观察与沟通卡片中的一部分，你只需花几分钟便可完成，而且它也是增加你安全管理技巧的一个有力工具。请回答以下的问题来评估你对安全观察报告的了解程度。

问题15　在报告上你要写些什么？[可复选]

A. 任何观察到的安全行为

B. 鼓励持续安全行为所采取的行动

C. 任何观察到的不安全行为

D. 你立刻采取的纠正行动

E. 你为防止危害再次发生所采取的行动

F. 观察者的姓名

G. 观察区域

H. 观察日期

I. 被观察者的姓名

问题16　你何时填写安全观察与沟通卡片？

A. 在与被观察者讨论前

B. 在与被观察者讨论后

假设一个属地主管将如下所示的安全观察报告呈送给你，请问：

安全观察报告
● 所观察的安全行为 ● 鼓励继续安全行为所采取的行动
● 所观察的不安全行为 ● 即刻的纠正行动 ● 预防再次发生的行动
仓储职员穿着球鞋，而不是安全鞋，告诉此职员穿上安全鞋。
观察员签名：王×× 区域/部门：仓储库 日　　　期：2011/12/03

问题 17　你在何处填写安全观察与沟通卡片？

A. 在员工面前

B. 远离员工后

问题 18　这份报告完整吗？

A. 是

B. 否

问题 19　当这位填写安全观察报告的主管看到一位员工作业时未穿安全鞋时，此主管第一件应该做的事是_____。

A. 忽视这个情况

B. 立刻采取纠正行动

问题 20　这个属地主管是否立刻采取纠正行动？

A. 是

B. 否

问题 21　这位主管下一个必须采取的行动是_____。

现在看如下所示的安全观察报告：

安全观察报告
● 所观察的安全行为 ● 鼓励继续安全行为所采取的行动 _____ _____ _____
● 所观察的不安全行为 ● 即刻的纠正行动 ● 预防再次发生的行动 操作员未配戴要求的护目镜，停止其工作。告知其危险性及需要戴护目镜。操作员说护目镜已刮伤。更换新的护目镜。
观察员签名：李×× 区域 / 部门：维修部 日　　　期：2011/12/03

问题 22 这位属地主管是否采取防止再次发生的行动？

A. 是

B. 否

问题 23 这位填写安全观察报告的主管是否采取立即的纠正行动？

A. 是

B. 否

问题 24 这位属地主管是否通过与员工讨论，预防其行为再次发生？

A. 是

B. 否

问题 25 对这份观察报告，你的评价如何？

A. 完整且满意

B. 不完整且不满意

问题 26 在这个属地主管的属地范围内的不安全行为会减少吗？

A. 应该会

B. 应该不会

记住，你所完成的安全观察与沟通卡片将会被收集并分析，以协助公司协调相关工作，并用来消除伤害事故的发生。当你在工作上执行安全观察与沟通之后，可分析推行安全观察与沟通所达到的效益与面临的挑战。

问题 27 安全观察与沟通卡片的资料是用来_____。[可复选]

A. 帮助协调公司进行消除伤害事件的相关工作

B. 找出那些不安全工作人员的名字

C. 了解经理、主管人员及属地主管过去对安全和不安全的行为所做的工作

D. 找出该受惩戒处分的员工

最后的提醒，不要让员工以为安全观察与沟通卡片是给他们找麻烦的。当你填写安全观察报告时，请远离员工，以免他们觉得自己被"登记"。记住！你的目的是帮助员工使其更安全地工作，安全观察与沟通一定不能作为任何处罚的依据。

正面交谈示例

1. 你的工作中有哪些安全方面的潜在危险？
2. 你穿了哪些可以保护你不受潜在伤害的防护用品？
3. 公司备有哪些个人防护装备可以保护你不受到伤害？
4. 在你不上班时穿着的衣物（例如自己的鞋子）和在上班时穿着的个人防护装备（如安全鞋）有何不同？
5. 你的工作中可能会导致伤害事故的常见原因有哪些？
6. 如何避免在工作中受到伤害？
7. 你认为，要避免在工作中受到伤害，你身体的哪些部位需要采取防护措施？
8. 在你工作时，需要哪些类型的个人防护装备？
9. 关于你工作上规定的个人防护装备，你曾接受过哪些维护与使用上的训练？
10. 规定的个人防护装备是否适用于你的工作？
11. 你如何知道个人防护装备处于良好的状况？
12. 个人防护装备使用的方法是否正确？需要哪些训练？
13. 个人防护装备是否合身？你多久会试穿一次？
14. 关于我们现在讨论的个人防护装备，你对于它的穿戴有何看法？
15. 你还有哪些工作需要穿戴个人防护装备？
16. 你了解你的员工在安全方面的需求吗？

■ 本节问题讨论

为了准备本次讨论，回答下面的问题。你针对问题所做的回答加上在小组会议上的讨论，将决定讨论有多大的价值。请务必带本手册去参加这样的团体讨论。

1. 列出你对于进行安全观察与沟通和使用安全观察与沟通卡片的任何问题。

2. 在你的属地范围内必须使用哪些个人防护装备？

3. 你属地范围内的人员多久检查一次个人防护装备？

4. 在你的属地范围内，哪些个人防护装备是员工最不愿意穿戴的？为什么？

5. 不穿戴特定的个人防护装备，会有什么危险？

你认为有价值的其他讨论议题，可在下面进行补充：

_____

_____

_____

_____

■ 本节问题解答

问题 1　危险环境	问题 14　远离
问题 2　遵从	问题 15　A B C D E F G H
问题 3　B	问题 16　B
问题 4　讨论	问题 17　B
问题 5　A	问题 18　B
问题 6　所有	问题 19　B
问题 7　头，脚	问题 20　A
问题 8　A C D	问题 21　预防再次发生
问题 9　B E F	问题 22　B
问题 10　A	问题 23　A
问题 11　A B	问题 24　A
问题 12　B	问题 25　A
问题 13　眼睛和脸部，耳部，呼吸系统，手臂与手部，躯干，腿部与脚部	问题 26　A
	问题 27　A C

第四节　工具和设备

为什么必须观察人员是否安全地使用工具和设备？由杜邦公司十年的统计数字可知，员工由于使用工具和设备不当产生的危害占所有伤害事件的 28%。因此，无论使用什么工具和设备，员工都要遵循安全的作业行为，以消除伤害发生的风险。

■ 工具和设备的观察

安全观察检查表针对观察员工作业的顺序，依序列出不同类别的观察项目。工具和设备并非是"消失的行为"，换句话说，你有 10 至 30 秒以上的时间观察人员。所以，你可以在完成人员的反应、人员的位置、个人防护装备的观察后，再观察员工使用工具和设备的行为。

要安全地使用工具和设备，应避免下列的状况：

- ◆ 针对特定的工作，使用不适用的工具和设备；
- ◆ 没有按照要求正确地使用工具和设备；
- ◆ 使用的工具或设备有缺陷；
- ◆ 其他，如没有能源隔离，没有设置警示标志，没有应急设备等。

例如，一个员工使用锤子与螺丝刀撬开一个木制设备包装箱子。

问题 1　针对此工作，员工正使用 _____ 的工具。

假定员工使用铁撬代替螺丝刀，可安全地打开箱子。

问题 2　这是 _____。

A. 针对特定的工作，使用正确的工具

B. 太过小心

例如，某位员工连续使用钳子夹东西，他常常抱怨钳子的把柄弄痛他的手。

问题 3　连续使用会弄伤手的有把柄工具，易造成累积性伤害。这是员工使用 _____ 工具的例子。

例如，起重机正在吊起一根横梁至建筑物顶部。起重机的四个支架必须展开，并且固定于硬质地面上，以避免机体翻覆，但此时，起重机的一个支架正陷入松软的泥泞地里。

问题 4 这个例子是设备使用方式 _____ 。

一位员工用手而不是用夹钳，将一片金属固定于钻孔机的工作台上。

问题 5 他 _____ 地使用他的设备。

一名员工正在用一把刀切除管线的绝缘层，左手把着管线，右手拿刀，切割方向朝向他的左手。

问题 6 刀子的用法 _____ 。

问题 7 假定当主管走过来时，员工改变刀子的使用位置，以远离手的方向切除绝缘层。这是：

A. 调整个人防护装备

B. 重新安排工作方法

问题 8 如果员工改变刀子的位置，以远离手的方向切除绝缘层，此时如果主管能够小心地观察员工的行为，请问主管可能注意到员工改变工作方法吗？

A. 可能，因为原先的切割方向是明显易见的

B. 不可能

── 工具设备观察练习 ──

某员工跨过人字梯，使用电钻在金属棚架侧面（从左至右）按照顺序每隔 30 厘米钻孔，如图 3-2 所示。

图 3-2 电钻打孔作业

你可以发现：

- ◆ 由于踏过人字梯顶部作业，导致掉落危险；
- ◆ 由于电钻绝缘不好，导致漏电危险；
- ◆ 由于梯子不牢固，导致倒塌危险；
- ◆ 由于梯子摆放不平稳，导致滑倒危险；
- ◆ 由于旁边无监护人员，导致意外时不能及时处理。

对于员工使用工具和设备的安全观察，你需要非常接近和悉心观察，才能看到他们是否使用正确的工具和设备、工具和设备是否处在良好的状况、是否正确地使用工具和设备。而且你需要详细地与员工交谈，了解员工如何使用工具和设备。尤其是不容易观察的作业细节，你更需要如此执行安全观察。

问题9　你对员工使用工具和设备的观察应该 _____ 。[可复选]

A. 在你观察完人员的反应、个人防护装备等之后

B. 特别细心，因为作业细节可能不易观察

问题10　谁应负起责任，帮助你属地范围内员工了解什么工具和设备适合于什么工作，以及如何正确地操作？ _____ 有责任。

■ 采取询问的态度

你已知道当你与被观察的员工谈话时，你需要问"如果一旦……"与"如何……"这一类的问题。

问题11　你会问， _____ 发生意外，会造成什么样的伤害，以及 _____ 让这工作做得更安全。

现在让我们继续分析，当你与员工谈话时，使用这些问题的其他一些方式。

假定你看见一位服务员正在使用打火机打开一个啤酒瓶子。

问题12　这是使用： _____ 。

A. 不正确的工具

B. 状况不良的工具

你可能会说:"使用打火机开酒瓶子违反我们的安全规定,如果其他人看到,你会有麻烦的。"

问题 13　当你如此说后,员工会作何感想?

A. 员工可能会考虑更安全的工作方法

B. 员工可能会考虑暂停工作,以避免惹上麻烦

但是假设不提公司规定,而是问"如果一旦"这类问题,例如"你是否想过如果一旦打火机爆炸了,会造成什么伤害?"

问题 14　当员工听见你的上述问题之后,会想到什么?

A. 员工可能会想到相关的危害

B. 员工可能会想到公司的规定

"如果一旦"问题能帮助员工思考他们自身的安全。当你以询问的态度与员工谈话时,你得到对方的合作与接受的可能性就更大。

在适当的时机,你也要问"如何"这个问题,例如"为了你和其他人,我们如何将工作做得更安全?"

一名工人正站在电动机上安装管线吊架。

问题 15　这是一个 _____ 行为。

A. 安全

B. 不安全

这位工人的主管正好看见,并对这位员工说:"喂。你以为你在做什么?你不知道这样子是不安全的吗?赶快下来去拿梯子!"

问题 16　当听到主管的讲话后,你认为此员工会作何感想?

A. 他了解到需要更安全的工作

B. 他可能怀疑为什么主管今天心情不好

问题 17　你认为该员工现在有较强的动机遵守安全行为工作规定吗?

A. 可能有

B. 可能没有

问题 18 你如何评定主管的安全绩效？

A. 满意

B. 不满意

下列的问题可看出，当看见员工站在发动机上，主管应该怎么做。

问题 19 立即的纠正行动应该是 _____。

A. 告诉他从发动机上下来

B. 走远，不要打搅他

问题 20 主管使用询问的态度，询问他"如果一旦"与"_____"等问题。

问题 21 接下来，主管 _____ 倾听员工的说话。

A. 应该

B. 不应该

问题 22 经由与员工沟通并倾听他的答复，主管是否可采取行动以避免不安全行为的再次发生？

A. 是

B. 不是

现在你学会使用询问的态度与有不安全行为的员工谈话，用来避免不安全行为再次发生。同样，询问的态度也有助于加强安全的工作行为。

■ 如何造成安全与不安全状态

你属地内的每一位员工都有责任创造安全状态与纠正不安全状态。你是否想起不安全状态几乎都是不安全行为的结果？同时，安全的状态是安全行为的结果。

由员工自身的行为而造成的安全或不安全状态，称为"员工造成的状态"。你需要鼓励员工创造安全状态与避免不安全状态。

问题 23 员工造成的状态是 _____。

A. 员工行为的结果

B. 自然力量的结果

问题24 你能鼓励造成安全状态的行为吗？

A. 不可以

B. 可以

部门经理发现火灾逃生口被杂物堵住，他立刻采取纠正措施，并确认杂物被搬移至其他适当区域。

问题25 在此案例中，不安全状态是 _____ 。

A. 由某人的不安全行为产生的

B. 由自然行为产生的

问题26 假设部门经理知道是谁造成不安全状态，他应该如何做？

A. 等到下次的安全会议时，讨论这个不安全状态

B. 尽快与这位员工谈论其不安全行为

部门经理知道是有人在门口堆放杂物，但他不确定是谁，因此他召开临时安全会议。对员工随意堆放杂物于火灾逃生口的不安全行为加以批评，并说明这是违反公司规定的行为，他无法容忍。

问题27 当员工听完训诫后，你认为员工有可能帮忙提升此区域的安全绩效吗？

A. 可能会

B. 可能不会

当经理谈到不安全状态时，应使用询问的态度鼓励合作，例如问"如果一旦"与"如何"等问题：

问题28 如果一旦发生火灾，但逃生口被杂物堵住，会发生什么 _____ ？

问题29 我们 _____ 确保以后将杂物堆放在安全的地方？

他仍应该给员工机会回答，并仔细倾听答案。

现在请回答下面的问题，并完成安全观察与沟通卡片：

安全观察检查表		安全观察报告	
表扬　讨论　感谢　观察　沟通　启发		● 所观察的安全行为 ● 鼓励安全行为所采取的行动	
人员的反应	□		
□ 调整或穿戴上个人防护装备 □ ……			
人员的位置	□	● 所观察的不安全行为 ● 即刻的纠正行动 ● 预防再次发生的行动	
□ 被撞击 □ ……			
个人防护装备	□		
□ 眼睛及脸部 □ ……			
工具和设备	□		
□ 不适合该作业 □ 未正确使用 □ 工具和设备本身不安全 □ 其他			
程序	□		
□ 没有建立 □ ……		观察员签名：	
人体工效学	□	区域／部门：	
□ 是否符合人体工效学原则 □ ……		日　　期：	
整洁	□		
□ ……			

假定你进行安全观察时看见一位维修员工使用钻孔机和电源延长线进行作业。这位员工穿戴正确的个人防护装备，正确地使用钻孔机，用胶带固定电源延长线，并于作业现场放置"注意"标志。

问题30　现在你应该做什么？

　　A．继续进行观察，由于这位员工已创造安全的工作状态，他不需要被打扰

　　B．过去与这位员工谈话，以强化他已执行的安全工作行为

问题31 在你的属地范围内,谁需要对安全负责,包括员工造成的状态。_____ 应负责任。

这位员工花时间创造了安全状态。与已安全工作的员工交谈,可强化其安全的作业行为。

假设你决定在作业现场进行安全观察,你发现一位技工正使用手动螺丝刀卸螺丝钉,你观察到他使用很大的力量卸螺丝钉,并经常停下来揉他的手腕。当你采取行动与这位技工谈话时,你发现他经常在使用螺丝刀后感觉手腕疼痛,你建议他尝试使用动力式螺丝刀,以帮助降低重复动作造成伤害的风险,他同意了。

问题32 如果使用的工具会引起疼痛,对这项工作而言,这件工具是_____ 的工具。

A. 正确

B. 不正确

正面交谈示例

1. 你发现哪些工具和设备不易于使用,或使用起来具有危险性?为什么?
2. 你多久使用一次这种设备或工具?
3. 这种设备或工具是否适合这项工作?它是否处于良好的状况?你的使用方法是否正确?
4. 你在使用这种设备或工具前是否会检查它?
5. 执行这项工作最安全的工具是什么?是否有提供这种工具?你是否知道如何使用?
6. 这种设备里面是否有什么东西可能会突然伤害到你或他人?
7. 你是否会听听有没有不寻常的声响?你是否会闻闻有没有不熟悉或不寻常的气味?
8. 对于工作中使用的工具和设备你接受过相应的安全培训吗?培训的方式有哪些?你还需要哪些方面的培训?
9. 你的主管经常关注哪方面的安全问题?
10. 你认为哪些区域、工作、行为或哪件设备或工具最需要留意安全问题?为什么?

■ **本节问题讨论**

为了准备本次讨论，回答下面的问题。你针对问题所做的回答加上在小组会议上的讨论，将决定讨论有多大的价值。请务必带本手册去参加这样的团体讨论。

1. 关于整体观察的技巧或员工造成的状态，列出你所想到的问题。

2. 在你的属地范围，如果所使用的工具或设备是不正确的，或处于不良的状况，或被不当地使用，员工可能遭受的最严重伤害是什么？

3. 鼓励你的员工担负起他的安全责任的有效技巧是什么？

4. 你如何评估员工的安全表现？

5. 你与你的上级讨论安全问题吗？是定期还是不定期的？什么情况下讨论？

6. 你的上级了解你团队的安全表现吗？通过什么方式了解的？你了解你的上级对你（或你的团队）的评价吗？

你认为有价值的其他讨论议题，可在下面进行补充：

_____
_____
_____
_____

■ **本节问题解答**

问题 1	不正确	问题 8	A
问题 2	A	问题 9	A B
问题 3	不适用	问题 10	我
问题 4	不正确	问题 11	如果一旦，如何
问题 5	不正确	问题 12	A
问题 6	不正确	问题 13	B
问题 7	B	问题 14	A

问题 15　B　　　　　问题 24　B

问题 16　B　　　　　问题 25　A

问题 17　B　　　　　问题 26　B

问题 18　B　　　　　问题 27　B

问题 19　A　　　　　问题 28　伤害

问题 20　如何　　　　问题 29　如何

问题 21　A　　　　　问题 30　B

问题 22　A　　　　　问题 31　我

问题 23　A　　　　　问题 32　B

第五节　程　序

你的属地内可能有许多规章制度、操作规程等工作程序或指南，遵循这些程序，员工可以以最安全、最有效的方法完成工作。

程序与安全

员工需要在任何时候均可取得程序，程序也需要定期审核和更新。

重要提示　**标准化的程序是安全工作的前提。**

从安全的角度来看，遵循程序是重要的。安全观察检查表提醒你，事故和伤害可能起因于下列任何一项：

- 作业程序不适合此工作（没有审核及更新）；
- 作业程序不被所有相关者知道并了解；
- 作业程序已被知道和了解，但并未被遵守。

问题 1　在你的属地内，谁有责任确保所有程序均为适合的？谁有责任确保在你的属地内所有程序均被知道并了解？谁有责任确保在你的属地内所有程序均被遵守？

切记，你有责任确保程序是适合的、被知道并了解以及被遵守。如果你发现在你的属地内有任何程序是不适合，不被了解或未被遵守的，你就有责任采取行动。

问题2　现在填写下面空格。

A．程序 _____ 此工作吗？

B．程序被所有相关者 _____ 并了解吗？

C．程序被知道、了解及 _____ 了吗？

> **名言警句**　罗杰·福尔克：程序管理能够照顾到百分之九十九的问题，而领导的任务则是要确保那余下的，可能是决定性的百分之一不致陷于俗套。

下面的实例可以说明为什么程序必须是适合的、被知道并了解的，以及被遵守是很重要的。

一条包装生产线，因纸板箱卡入气动推杆而被堵塞。按照程序规定，在清理堵塞之前要先将气动阀及电源关闭并上锁。操作员小心地遵循这个程序，但当员工移除卡在生产线上的纸板箱时，推杆因移动而压伤操作员的手。这个伤害是可以通过打开排气阀，排除生产线上残余的空气压力而避免的。

问题3　在此例中，作业程序是 _____。

A．适合的

B．不适合的

C．不被知道并了解

D．不被遵守

问题4　如果在工作中涉及好几种危害，而此作业程序避免了其他所有的危害但独漏了一种危害，那么这个程序是 _____。

A．适当的

B．不适当的，因为伤害仍然可能发生

在一个化工企业的污水处理厂，两位新员工被指派去清理污水池。但他们并没有在该区主管那里办理作业许可证，两位员工都没有确定池内空气含量是否已经测量，而且他们没有配戴呼吸护具。其中一人进入污水池时，就立即昏倒。

问题 5 这位员工身体的哪个部分应被保护？

A. 头部

B. 眼部及脸

C. 耳部

D. 呼吸系统

E. 臂部及手

F. 躯干

G. 腿部及脚

第二个员工看见第一个员工倒下，他抓起一个滤毒罐式呼吸防护具就进入池内，上面标有"不可在缺氧处使用"，但这位员工并未阅读标识，结果他也昏倒了。

问题 6 属地主管知道这项工作细节，主管是否应该要求办理进入受限空间许可证，并详细审核？

A. 是，这将有助于确保程序是适合的、已被知道并了解以及并被遵守，而且工作符合相关法规

B. 否，那不是主管的工作

问题 7 如果班长申请了许可证并且审阅过程序，员工是否应会知道他们在清理污水槽时所面对的危害？

A. 是

B. 可能不会

问题 8 你如何考评这位属地主管的安全绩效？

A. 满意

B. 不满意

装卸区的属地主管告诉员工，卸载时将卡车的轮子固定是很重要的，尽管属地主管曾和员工讨论了这个程序，但他并未检查员工是否遵循。

有一位操作员使用叉车卸载卡车上的货物，但卡车的轮子却并未被固定。由于

叉车的推动，卡车被推离装卸台，操作员因而受伤。

问题9 在此例中程序是 _____。

A. 不适合的

B. 不被遵守的

问题10 谁有责任确保程序被遵守？［可复选］

A. 属地主管

B. 安全部门

C. 执行该项工作的员工

D. 培训部门

问题11 属地主管只告诉员工程序是否就是尽到了所有的安全责任？

A. 是

B. 否

问题12 属地主管应如何做才表明已尽到他的安全责任？［可复选］

A. 定期审阅程序以确保程序是适合的

B. 持续与操作员交谈，以确保程序被知道并了解

C. 观察操作员，以确保程序被遵守

D. 以上皆非

当你了解到不安全行为的间接原因涉及作业程序时，你需要与涉及此程序的人员进行讨论，采取行动以确保程序及时更新。

一天傍晚，一个操作员忘记检查丙烷槽上的阀门是否完全关闭，结果丙烷气体泄漏并充满整个房间。次日清晨，当此操作员的班长进入房间，发现丙烷气体外泄。他马上打开排气风扇，而完全没有考虑到这个动作的潜在危害，结果因为房间里有高浓度丙烷气体，开启风扇的电动机引起了爆炸，班长因而受伤。

问题13 在此例中打开排气风扇操作的程序是 _____。

A. 不适合的

B. 未被操作员遵守

问题14 如果操作员遵守程序，此伤害事件是否能被防止？

A. 是

B. 否

在此例中,操作员经常忘记遵循程序,但是在此之前他的疏忽从来没有导致威胁生命的状况发生。

问题15 导致这个操作员的不安全行为的间接原因是什么?

A. 他是疏忽的

B. 他不知道规则

问题16 如果班长认识到操作员的疏忽是一个问题,此伤害事件是否能被防止?

A. 可能

B. 可能不

建立安全程序的步骤

你如何确保程序可以达到预期的目的?下面将向你说明。

建立安全程序的三个步骤是:

步骤一:确保程序是适合的;

步骤二:确保程序被知道并被了解;

步骤三:确保程序被遵守。

利用熟悉的安全观察与沟通技巧以及上述三个步骤,你就能确保程序是安全和有效的。

问题17 下列哪个说法是正确的?

A. 有些工作就是无法使其安全

B. 所有工作均可使其安全

问题18 如果你接受伤害是工作的一部分的观点,你是否尽到你所有的责任?

A. 是

B. 否

适合的程序有助于确保工作的安全。要确保程序是适当的，可以采取询问的态度和安全观察检查表。甲是一个实验室主管，想要练习使用建立安全程序的三个步骤，并在观察结束后完成一份安全观察与沟通卡片。

安全观察检查表		安全观察报告	
		● 所观察的安全行为 ● 鼓励安全行为所采取的行动	
表扬 讨论 感谢 观察 沟通 启发			
人员的反应	☐		
☐ 调整或穿戴上个人防护装备 ☐ ……		● 所观察的不安全行为 ● 即刻的纠正行动 ● 预防再次发生的行动	
人员的位置	☐		
☐ 被撞击 ☐ ……			
个人防护装备	☐		
☐ 眼睛及脸部 ☐ ……			
工具和设备	☐		
☐ 不适合该作业 ☐ ……			
程序	☐		
☐ 没有建立 ☐ 不适用 ☐ 不可获取 ☐ 员工不知道或不理解 ☐ 没有遵照执行 ☐ 其他			
人体工效学	☐	观察员签名：	
☐ ……		区域／部门：	
整洁	☐	日　　期：	
☐ ……			

步骤一：确保程序是适合的。

首先，他想检查处理危险化学品的程序是否合适，于是阅读了程序和安全观察与沟通卡片。程序中描述员工处理危险化学品时，需要穿戴护目镜、实验服及安全鞋。然后他观察到技术员乙穿戴着所有的个人防护装备正在处理危险化学品，此外，乙还戴着橡胶手套。

接下来，甲过去与乙交谈。在交谈中，甲问乙戴橡胶手套的原因，乙说因为危险化学品安全技术说明书（MSDS）中叙述，若化学物质泼洒至手上可能会造成灼伤。

问题 19 甲了解程序需要被修改，他现在应该做什么？[可复选]

A. 写报告，完成此次观察的安全观察与沟通卡片

B. 采取所需步骤来修改程序

C. 保留原来的程序，留待员工在处理危险化学品时依常理判断

D. 等到下次召开安全小组会议时报告此问题

步骤二：确保程序被知道并被了解。

在完成撰写报告和修改程序后，甲进入第二个步骤。于是，甲观察实验室的工作人员丙，丙正在处理相同的危险化学品却未戴护目镜。

当甲询问他相关的防溅护目镜问题时，他说："哦，我不知道这工作需要戴护目镜。"

问题 20 谁有责任确保员工知道并了解程序？

A. 部门主管、属地主管

B. 员工自己

问题 21 确保此工作的所有程序均被所有相关的员工知道并了解，是甲的工作吗？

A. 是

B. 否

问题 22 为了确保程序被知道并了解，甲需要 _____。

A. 确保处理此危险化学品的员工均受过训练

B. 让安全部门去操心此危险化学品的事吧

在与所有相关的员工交谈确保程序被知道并被了解后，甲进入第三个步骤。

步骤三：确保程序被遵守。

经过观察后，甲发现员工丁在处理化学物质时未戴手套。

问题23　现在甲应该采取立即的 _____ 行动。

问题24　甲采取行动防止其再次发生。为达此目的，甲需要与丁 _____，直到他了解为何此行为是有危险的。

甲问丁："如果有些化学物质喷洒到你的手上，会怎么样？"丁回答："我已经处理这些化学物质好几年了，从来没有喷洒过。"

问题25　导致丁的不安全行为的间接原因是什么？

A. 丁不知道也不了解程序

B. 丁没有认识遵循程序的重要性

换句话说，丁认为"这件事不会发生在我身上。"

问题26　甲此时应做什么？

A. 帮助丁了解遵守程序的重要性

B. 让丁继续不戴手套工作

C. 不让丁继续做这项工作，安排他人来做

问题27　由丁所说的话，你可以期待他遵循所有其他的安全规则吗？

A. 是

B. 否

现在你知道建立安全程序的三个步骤。你应该已经准备好采取一个系统的方法以增进你属地内的安全绩效。

问题28　第一，确保程序是 _____；第二，确保程序被员工知道并 _____；第三，确保程序被 _____。

问题29　谁有责任采取行动以确保程序是安全的？_____ 有责任。

正面交谈示例

1. 你是怎样确保程序被遵循的？你使用哪些追踪方式？

2. 你会做些什么来确保程序的改变已被知道并被遵守？

3. 你如何鼓励你属地范围内的人员负担起有关规则与程序的责任？

4. 在你开始这项工作前，你需要知道并遵守哪些安全规则与程序？

5. 你如何学习这些规则与程序？参加过相关的安全培训吗？你的主管进行过工作前安全指导吗？

6. 这些规则与程序没有包含到哪些危险？

7. 你认为除了现有的程序以外，还需要哪些程序，以保护你自己及此区域内的其他人？

8. 当程序有变动时，你是如何学习的？你认为有没有更好的方式以便安全地工作？

9. 你的经理或主管该采取何种后续追踪行动，以确定你已了解并遵循作业程序？

10. 假使你的主管并未定期来观察，会不会影响你对作业程序的态度呢？如何影响？

11. 你的主管是否曾经问你对作业程序的意见？而你有什么意见吗？

12. 有没有需要额外增加程序的情况？有的话是什么特殊条件？

13. 当你认为你属地内有不安全行为发生时，你会怎样做？

14. 你曾经为安全措施、方法或规章制度及程序的制定做过贡献吗？

15. 你针对安全问题提出过合理化建议吗？内容是什么？你的建议被采纳了吗？

■ 本节问题讨论

为了准备本次讨论，回答下面的问题。你针对问题所做的回答加上在小组会议上的讨论，将决定讨论有多大的价值。请务必带本手册去参加这样的团体讨论。

1. 在你的属地范围内，有哪些需要遵守的工作程序，这些程序有没有进行定期的讨论与更新？

2. 在你的属地范围内，员工是否发现一些程序难以遵守和执行？为什么？

3. 在你的属地范围中，因为不适合的程序可能会造成什么样的不安全行为？

4. 在你的属地范围内，你认为哪些不安全行为是由程序上的问题所引起的？

5. 你会采取什么步骤，使程序更适当？

6. 在你的属地范围内，员工知道和了解这些工作程序吗？

7. 在你的属地范围内，员工对工作程序的遵守情况如何？如果员工没有遵守工作程序，可能遭受的最严重伤害是什么？

8. 鼓励你直线下属的员工遵守工作程序的有效技巧是什么？

9. 你可以使用哪些技巧来确认作业程序是否适合，且被员工知道、了解并遵守？

你认为有价值的其他讨论议题，可在下面进行补充：

_____

_____

_____

■ 本节问题解答

问题 1	我，我，我	问题 12	A B C
问题 2	适合，知道，遵守	问题 13	B
问题 3	B	问题 14	A
问题 4	B	问题 15	A
问题 5	D	问题 16	A
问题 6	A	问题 17	B
问题 7	A	问题 18	B
问题 8	B	问题 19	A B
问题 9	B	问题 20	A
问题 10	A C	问题 21	A
问题 11	B	问题 22	A

问题 23　纠正

问题 24　交谈

问题 25　B

问题 26　A

问题 27　B

问题 28　适合的，被了解，遵守

问题 29　我

第六节　人体工效学

人体工效学是指研究人和机器、环境的相互作用及其结合，使设计的机器和环境系统适合人的生理、心理等特点，达到在生产中提高效率，安全、健康和舒适的目的。从上面的定义可以看出，人体工效学是研究人、机器、环境三者之间的关系，以便使人工作、生活得更有效、更安全、更舒适的一门介于心理学、生理学、人体测量学、工程技术和管理之间的边缘学科。

由于人体工效学涉及人的工作和生活，因此人体工效学的内容非常多，概括起来，主要包括以下三个方面：

◆ 人体的能力。这包括人的基本尺寸，人的作业能力，各种器官功能的限度及影响因素等。对人的能力有了了解，才可能在系统的设计中考虑这些因素，使人所承受的负荷在可接受的范围之内。

◆ 人—机交往。"机"在这里不仅仅代表机器，而是代表人所在的物理系统，包括各种机器、计算机、办公室，以及各种自动化系统等。人体工效学的座右铭是"使机器适合于人"。

◆ 环境对人的影响。人所在的物理环境对人的工作和生活有非常大的影响作用，因此，环境对人的影响是人体工效学的一个重点内容。这方面的内容包括：照明、噪声、温度、颜色对人的工作效率的影响，以及对人的危害及其防治办法等。

安全观察与沟通中应关注的人体工效学方面的主要内容包括以下方面：

人体工效学 □
□ 是否符合人体工效学原则，如尺寸、高度、角度等；
□ 重复的动作，指手部、四肢、头部等重复动作；
□ 躯体位置，指身体各部位所处的位置；
□ 工作区域设计，如安全距离、通风、通道等；
□ 工具和把手，指是否合适使用者；
□ 姿势，主要是指不良位置的固定姿势；
□ 工作场所，如温度、湿度、色彩等；
□ 照明，指照明和光线是否合理；
□ 噪声，指噪声对人的影响；
□ 其他，如工作、倒班时间，自然气候等

■ 累积性伤害

虽然观察人体工效学危害因素的方法与观察其他伤害原因的方法相同，但它们之间还是存在一定的差异。许多典型的伤害会存在明显的因果关系，如撞击物体或触电，这些通常会造成急性伤害或严重的伤害。人体工效学危害因素通常会造成累积性的伤害或重复性伤害。累积性伤害会因长时间在体内累积而存在，并会造成实际的疾病和伤害，但其因果关系并不如其他伤害来得明显。

问题1 典型的伤害原因，如跌落或触电会造成急性伤害，但人体工效学危害因素通常会长时间存在体内，造成累积性伤害。累积性伤害的影响通常：_____。[可复选]

   A. 不如急性伤害明显

   B. 短时间内不容引起人们的关注

人体工效学危害因素会造成累积性伤害症（Cumulative Trauma Disorders，CTDS），累积性伤害症包括长期的不正常症状，例如长期内分泌紊乱，手腕综合征，关节发炎，腰肌劳损、尘肺病等。员工会因为进行重复性的动作或采取不良的位置及固定姿势，造成累积性伤害的发生。

问题 2　你需要和员工沟通人体工效学中的危害因素，来探求员工是否有疼痛经历，因为疼痛_____。

A. 是大多数日常工作的一部分

B. 可能是不正常的信号

你的部分安全责任是去帮助员工，预防累积性伤害等造成的疼痛，这便是为什么需要使用安全观察与沟通技巧，确认并指出可能造成累积性伤害的危害因素。

观察人体工效学危害因素的时候，你可能需要以不同的方式进行观察，并且重新思考一些常见的想法，如"一种尺寸适用所有人"、"没有痛苦就没有收获"等。但是人体工效学告诉我们：员工都有个别的需要，一种尺寸无法适合工作场所中的每一个人。我们不应该在不舒服的情况下工作，疼痛可能是一种征兆，提醒我们有不对劲的地方。

问题 3　我们必须重新思考的两种错误的观点是"一种_____适用所有人"和"没有_____就没有收获"。

当你开始注意人体工效学危害因素时，你会发现和员工沟通格外重要。因为只有这样，你才能确定他们是否面临累积性伤害的风险，或者是否在没有人体工效学危害因素的情况下安全地工作着。

小李在包装线上工作，他重复使用同样的腕部动作，每天下班的时候，他便开始觉得手指疼痛而且麻痹。有一天他的主管老赵看见小李在揉他的手心，认为小李的手可能有问题。

问题 4　现在老赵应该_____。

A. 和小李谈论他的工作，以便了解可能有什么人体工效学危害因素存在

B. 不管小李，因为这不属于安全的范围

你现在知道重复性的动作、不正确的位置或固定姿势，将会导致累积性伤害，下面将会更详细地讨论这些危害因素。

不断重复同一个动作、不良的位置或姿势会使肌肉、神经和肌腱受到压力，当

员工使用重复的动作，尤其是特别用力的时候，可能会造成长时间的伤害或职业病。这些重复性动作、不良位置和姿势包括：

- 经常性的腕部动作；
- 前臂的旋转；
- 身体受压情况下经常性的扭转动作；
- 经常性的弯腰曲身；
- 急速移动性突然的动作；
- 不良或不舒服的位置；
- 固定的姿势（长时间维持同样的姿势，如站着或坐着）。

某一员工的日常工作就是将组装架子的螺丝扭紧，他常常觉得手臂、腕部和手部会疼痛，这个疼痛可能是因为重复的动作而引起的。

重复性旋转前臂会造成职业病，当你和他谈话时，你要告诉他，你会修改这种作业方式，使用电动螺丝刀，以消除或降低这些会造成累积性伤害的重复性动作。

问题5 现在你采取行动，和这名员工谈论关于他工作及他执行重复性动作的危害，特别是_____腕部。

另外，员工在搬起较重的物品时，如果没有蹲下，猛地用力搬起，容易造成腰部损伤。

当你观察员工时，应注意被观察者的位置和姿势，特别是不良或不舒服的位置、经常性的弯身和长时间维持同样的姿势站着或坐着。各种不良的位置或姿势，可能对人体影响的部位可参见表3-1。

小刘在包装区工作，当她包装盒子时需要维持同样的姿势，站立四五个小时。当你观察小刘时，你会发现她很少移动她的身体。

问题6 和小刘谈话后，你将知道她是否暴露于固定_____导致的职业性伤害。

面对这种情况，可以寻找其他的解决方式。如小刘可以使用一个脚凳来调整她的姿势。她可以稍作休息，也可以伸长和移动肌肉减少压力。作为她的主管，你可以为她准备一张可调整的工作台。

表 3-1 不良的位置或姿势对人体的影响示例

工作姿势	可能影响的部位
站在一个地方	小腿，大腿，静脉血管
坐着没有背靠	背部的肌肉
坐椅太高	膝盖，小腿，脚部
坐椅太低	肩膀，脖子
站着或坐着时躯干前倾	腰椎附近，脊椎
手臂向前或向侧面伸出	肩膀，手臂，肩关节
过度地向前或向后低头	脖子，脊椎功能的下降
手不自然地抓起东西	手臂，可能引起肌肉腱的发炎

问题 7 现在很多办公室工作人员长时间坐在电脑前，可能会形成一种_____的位置或_____的姿势，这是一种累积性伤害的危害因素。

如果你的下属员工也存在上述问题，你发现这种情况时，你该如何和他沟通，如何解决这种问题？

工作基本尺寸要求

在日常工作和生活中，员工每天会接触许多东西，如椅子、桌子，各种机器、仪器、工具、计算机等。在使用这些东西的时候你发现，这些东西的尺寸，如大小、形状等，对其适用性有非常大的影响。它们不仅影响工作时的舒适性，也常常影响工作效率、工作态度，甚至影响到人的安全和健康。

这些基本尺寸应该考虑与人体相适应，如：

◆ 站时的工作高度；

◆ 坐时的工作高度；

◆ 伸手能达到的高度；

◆ 伸手能达到的范围；

◆ 人体活动空间等。

例如，某机械厂有一台冲压机床（冲压中夹板），坐着操作太高了，站着操作太低了，而且左右开弓，像跳舞一样。设想一下每天以不自然的姿式工作 8 小时，进行 1000 次同样的操作，这就是机床设计没有考虑人的尺寸的一个典型例子。

问题 8　对这个问题的解决可以通过以下方式来解决：_____ 。[可复选]

A. 提高基准面

B. 在基准面上安放一个可以坐着操作的座椅

设计机器、工具、工作环境使之符合人的尺寸是人体工效学的一个基本内容。因此你应当首先了解人的基本尺寸，最重要的指标是身高，其他许多指标与身高是相关的。例如坐高大约是身高的 0.523 倍，膝高大约是身高的 0.311 倍，另外也可以粗略地根据与身高的比例来确定设备的合理高度，如表 3-2 所示。

表 3-2　设备高度与人体高度之比

定　义	设备/身高之比
眼睛能够望进设备内的高度	10/11
站着用手能放进和取出物体的高度	7/6
站着手向上伸所能达到的高度	4/3
站姿最适宜的工作点高度	6/11
便于用最大力牵拉的高度	3/5
站姿用工作台高度	10/19
坐姿控制台高度	7/17
台面下的空间高度（下限）	1/3
操纵用座椅的高度	3/13
座椅到操纵台面的高度	3/17

了解人的基本尺寸是十分重要的。不仅任何机器的设计应考虑人的尺寸，设计不同的产品时也应考虑人的不同部位的尺寸，例如各种工具的设计应考虑人手的尺寸，工作台设计要考虑人的身高。

光线与照明

据美国统计,造成企业人身事故的直接原因中,照明条件差大约占了5%,间接原因中大约占了20%。在照明条件不好的情况下,人很容易产生视觉疲劳,影响人的情绪。改善照明条件不仅可以减少视觉疲劳,也可以提高工作效率。适当的照明条件可以提高工作的速度和精确度,从而提高质量,减少差错,保证安全。

工作场所的照明可分为自然照明、人工照明和混合照明三种形式。室内自然照明是通过天窗和侧窗接受户外的光线作为光源,自然光是最理想的,因为自然光明亮柔和,人眼感到舒适,人们习惯于太阳光谱,而且光谱中的紫外线对人体生理机能有良好的影响。但是自然照明受不同时间,不同季节和不同条件的影响,因此在作业环境内常常要用人工光源作补充照明,即采用自然照明与人工照明相结合的混合照明方式,采用人工照明可使工作场所保持稳定的光量。

人工照明应选择接近自然光的人工光源,在人工照明中,荧光灯优于白炽灯,因为其光谱近似阳光,发热量小,发光面大,可使视野的照度均匀,采光效果较白炽灯高3~4倍,且较为经济。工作地照明不宜使用有色光线,因为在有色光照明下,视力效能降低。

问题9 工作场所的照明可分为＿＿＿照明、＿＿＿照明和＿＿＿照明三种形式,＿＿＿＿光源是最理想的,但作业环境内常常要用＿＿＿＿光源作补充照明。在人工照明中,＿＿＿＿＿灯优于白炽灯。

为了使照明设置安排得合理,使光的整个分布比较均匀,应注意:

◆ 任何光源都不应该直接进入操作者的视线;

◆ 如果光源的亮度过强,应当安装灯罩或滤光屏;

◆ 水平视线与光源的角度应最少有30度,如果小角度在大空间不可避免,灯应该有罩具;

◆ 荧光灯管与视线应成90度;

◆ 用多个小灯泡比用一个大灯泡强;

- 为了避免眩光，有作业者的视线之内不应当有强反光；
- 在机器、仪器、桌面、控制台等避免采用反光材料和反光颜色。

■ 噪声与振动

噪声被通俗地定义为不需要的声音，所以噪声与声音在本质上没有任何区别，关键的问题是这个声音是不是人们所想要的声音，例如对于想听音乐的人，音乐显然是一种美妙的声音，但对不想听音乐的人则是一种噪声。

当人听到较高的和持续时间较长的噪声时，就会失去一些听力，表现在听不到较低的声音，即听觉对声音的敏感性降低，听阈提高。最初，这种听力的损失只是暂时的，离开噪声环境一段时间后，听力又可恢复，但是当人聋了许多次之后，这种暂时的听力损失就可能变成永久性的了，即失去的听力不可再恢复了。

我们在日常生活中都有这样的经验：在噪声存在的情况下，我们听见同事的讲话变得很困难，如果这个声音频繁地是用来口授或给员工传达指令，那么这个声音在1米处应不超过70分贝。为了使讲话能够被听清楚，背景的噪声水平不应该超过60分贝。如果谈话较难懂，如带地方口音、有陌生词等，则噪声标准不应该超过50分贝。

日常生活的经验告诉我们，噪声影响人的注意力集中，由此会影响人在工作中的表现。由噪声对人的脑力或心理运动的影响的实验给出的结果是比较矛盾的，噪声有时改善人的表现，有时又使人的表现变得更糟。

噪声对人的生理的影响也很明显，噪声产生的刺激会使人的血压升高，心跳加快，心血管收缩，新陈代谢加快，消化系统的功能减慢，肌肉紧缩。所有这些症状实际上都是人身的一种自卫系统对外界的危险保持一种警戒。

噪声也会影响人的情绪，当然这种影响的主观性很强，存在心理效应。并不是所有的噪声都恼人，如树叶的沙沙声、小溪的流水声听了让人感到怡然。噪声对人带来的烦恼取决于下面一些主客观因素，如噪声越高，它所含的声音的频率越高，对人的作用越大；不熟悉的、间断性的噪声比熟悉的、连续性的噪声更加令人烦恼；某一干扰人正在做的事情的噪声更让人感到心烦。

问题10　工作场所的噪声会对员工的_____造成暂时或永久性的损伤，也会对员工间的_____沟通带来阻碍，同时还会对员工的注意力、生理和情绪产生影响。

振动是物体沿着直线或曲线并经过其平衡位置所做的往复运动，由于运动特性，许多机器都会产生振动，当操作人员与这类机器接近、接触或使用这类机器时，振动就会传到人体，人体也随着振动起来。振动对人的操作、心理、生理存在不利的影响，在安全观察与沟通中也应给予足够的重视。

一般说来，振动对人的身体是有一定的危害的。首先，振动引起操作人员的手、脚作动作不准确，使人的操作能力下降。另外，振动也影响人的视觉，在振动条件下，由于视野抖动不稳定而使视觉准确性受影响，视力会因频繁调节而下降。再有，振动也会在人的心理上产生不良影响，如使人感到烦燥不安。

振动对人的生理影响也是一个值得考虑的因素。长时间的全身振动，尤其是在共振下，会使人出现肢体血管痉挛，植物神经紊乱，前庭器官受损，胃肠道损伤，全身衰弱，耳鸣，呕吐等。

长时间强烈的局部振动可引起某些局部振动病。例如轻度振动病表现为手指发麻，僵硬，手易疲劳，偶有疼痛感；中度振动病表现为手部疼痛夜间加剧，手有冷感，头痛，乏力等。重度振动病表现为指甲毛细血管痉挛现象明显，出现肢端动脉痉挛症。

■ 温度和颜色

在工业生产中，人们发现一年四季温度的变化与安全生产关系密切。有学者在研究美国三个兵工厂时发现，意外事故出现率最低是20℃左右，温度高过28℃或低于10℃时，意外事故率增加30%。

温度是评价工作环境条件的主要因素之一，它对人体的影响也很直接，工作场所的温度受各种热源的影响，如气候、通风、锅炉、加热的原料，以及采暖、制冷和空气调节等。应当指出，人感受到的温度，即热的程度，除受温度的影响外，还受到湿度和气流速度的影响。

湿度也叫气湿，指空气中所含的水分量。湿度是与温度不可分离的环境因素，但是与温度相比它很少引人注意。湿度常用相对湿度来表示，它是在某一温度下，空气中实际水蒸气量与饱和水蒸气量之比的百分数，它反映空气被水蒸气饱和的程度。在一定温度下，相对湿度越小，水分蒸发越快。在高温度下，高湿度使人感到闷热；在低温度条件下，高湿度使人感到阴冷。

气流速度（风速）的大小与人体散热速度有直线关系。在高温时，气流可以帮助人们散发体内的热量，使人感到凉爽；在低温时，气流带走人体的热量，使人感到更加寒冷。因此，气流速度也是在考虑温度时必须考虑的一个因素。

一般认为，21±3℃是舒适的温度，但也受季节、劳动条件、穿着、地域、性别、年龄等因素影响。关于舒适的湿度，一般为40%~60%。关于舒适的气流速度，在工作人数不多的房间里，空气流动的最佳速度为0.3米/秒；而在拥挤的房间里为0.4米/秒；室内温度和湿度很高时，气流速度最好是1~2米/秒。

问题11 你在较为炎热或寒冷的作业环境中对员工进行安全观察与沟通时，温度是一个不可忽略的因素，人能感受到的温度，在还受到_____和气流_____的影响。

在适宜的温度下，温度对人的行为没有特别显著的影响，但当温度过高或过低时，它的作用就十分显著。

温度过高对人体会产生下列影响：

◆ 循环系统在体温调节方面起重要作用。人在高温下为了实现体温调节，必须增加心脏的输出量，使心脏负担过重，脉博加快。

◆ 人在高温下，体内血液重新分配，引起消化道相对贫血。由于出汗排出大量氯化物以及大量水分，致使胃液酸度下降，消化液分泌量减少，消化吸收能力受到不同程度的抑制。因而引起食欲不振，消化不良和胃肠疾病的增加。

◆ 湿热环境对中枢神经系统具有抑制作用，表现为大脑皮层兴奋过程减弱，条件反射的潜伏期延长，注意力不易集中。严重时，会出现头晕，头痛，恶心，疲劳乃至虚脱等症状。

◆ 人在高温下，由于大量出汗必然导致水分和盐分的大量丧失。高温工作影响效率，人在27~32℃下工作，其肌肉用力的工作效率下降，并且促使用力工作的疲劳加速。当温度高达 32℃以上时，需要投入较大注意力的工作以及精密工作的效率也开始受到影响。

人体在低温下，皮肤血管收缩，体表温度降低，使辐射和对流散热达到最小的程度。在严重的冷暴露中，皮肤血管处于持续的极度收缩状态，流至体表的血流量显著下降或完全停滞，当局部温度降至组织冰点（–5℃）以下时，组织就发生冻结，造成局部冻伤。

此外，由于温度影响最常见的症状是肢体麻木，特别是影响手的精细运动灵巧度和双手的协调动作。手的操作效率和手部皮肤温度有密切关系。手的触觉敏感性的临界皮肤温度是 10℃左右，操作灵巧度的临界皮肤温度是 12~16℃之间。长时间暴露于 10℃ 以下，手的操作效率和准确性就会明显降低。

颜色的生理作用主要表现在对视觉能力和视觉疲劳的影响。在颜色视觉中，人们能够根据色调、明度和彩度的一种或几种差别来辨别物体，但是颜色不宜过分暗淡或强烈，以免引起视觉疲劳。

眼睛对不同颜色具有不同的敏感性，例如对黄色较敏感，因此用黄色作警戒色，车间内危险部位、危险障碍等，一般涂以黄色或黄、黑相间的颜色最易辨认。

选用适当的色彩对比，可以适当提高对细小零件的分辨力。但色彩对比不可过大，否则会造成视觉疲劳提早出现。加工机械涂色，还应考虑被加工材料的色彩，使它们形成较好的色彩对比。工作面的着色明度不宜过大，反射率不宜过高。

合理的颜色配置，可使工作场所构成一个良好的色彩环境，并可得到如下效果：

◆ 增加明亮程度，提高照明效果；
◆ 标识明确，识别迅速，便于管理；
◆ 注意力集中，减少差错和事故；
◆ 舒适愉快，减少疲劳；
◆ 环境整洁，层次分明，明朗美感。

问题 12 颜色的生理作用主要表现在对视觉_____和视觉_____的影响。

目前推行的目视化管理就是对人员、区域、工具、管线、设备、信号、装置，按标准和规定进行涂色和标识，使之便于识别和操作的同时，也可以将"危险"突显出来。

安全标识用彩色标识传递安全和技术信息，我国国家标准安全色规定为红、蓝、黄、绿四种，红色传递禁止、停止、危险或提示消防设备设施信息；黄色传递注意、警告信息；绿色传递安全的提示信息；蓝色传递必须遵守规定的指令信息。黑、白两色为对比色，用来作为使安全色更加醒目的反衬色。

问题 13 我国国家标准安全色规定为红、蓝、黄、绿四种，_____传递禁止、停止、危险或提示消防设备设施信息；_____传递注意、警告信息；_____传递安全的提示信息；_____传递必须遵守规定的指令信息。黑、白两色为_____色，用来使安全色更加醒目的反衬色。

正面交谈示例

1. 在你的属地范围内，有哪些人体工效学方面的危险？
2. 在你的属地范围内，曾采取哪些纠正措施以减少累积性伤害？
3. 你的工作中存在哪些会一直使用的重复性动作？
4. 你工作时需要保持相同的坐姿或站姿多久？
5. 你在工作时还可能有哪些姿势？
6. 你的姿势有哪些潜在的危险？
7. 你的姿势可能会导致他人受伤吗？如何导致？
8. 你工作地点的光线和照明对你的工作有影响吗？
9. 你的工作中存在噪声、振动等职业性危害吗？你如何减少或者避免这种危害的影响？
10. 你感觉工作环境的温度合适吗？通风良好吗？
11. 你工作环境中的各种色彩对你的工作会带来不良的影响吗？
12. 你是否常在不自然、危险、高处、拥挤等的地方工作？

■ 本节问题讨论

为了准备本次讨论，回答下面的问题。你针对问题所做的回答加上在小组会议上的讨论，将决定讨论有多大的价值。请务必带本手册去参加这样的团体讨论。

1. 在你的属地范围内，可能有哪些累积性伤害，它们产生的原因是什么？

2. 在你的属地范围内，有哪些岗位、设备、工具、场所的尺寸和结构可能不符合人体工效学？

3. 在你的属地范围内，各岗位的光线和照明充足、合理吗？有无改进的空间？

4. 在你的属地范围内，存在哪些噪声，它们是怎么产生的，对员工的影响程度如何？如何减少这种影响？

5. 在你的属地范围内，存在可能产生振动的设备设施吗？如何减轻振动对员工的影响？

6. 在你的属地范围内，存在哪些影响温度的因素？受温度影响较大的岗位有哪些？如何减少这种影响？

7. 在你的属地范围内，场所、设备、管线、标识的色彩使用合理吗？存在哪些方面的不足？

8. 在你的属地范围内，岗位的光线与照明情况能否满足操作的实际需要，有改进的空间吗？

9. 鼓励你直线下属的员工遵守人体工效学的有效技巧是什么？

你认为有价值的其他讨论议题，可在下面进行补充：

_____
_____
_____

■ 本节问题解答

问题1　A B　　　　　　　　　问题6　姿势
问题2　B　　　　　　　　　　问题7　不良，不良姿势
问题3　尺寸，痛苦　　　　　　问题8　A B
问题4　A　　　　　　　　　　问题9　自然，人工，混合，自然，人工，
问题5　旋转　　　　　　　　　　　　荧光灯

问题10　听力，语言

问题11　温度，速度

问题12　能力，疲劳

问题13　红色，黄色，绿色，蓝色，对比

第七节　整　洁

良好的作业环境，不能单靠添置设备设施，应当充分依靠你的员工创造和保持一个整齐、清洁、方便、安全的工作环境，使他们在改造客观世界的同时，也改造自己的主观世界，产生"美"的意识，养成现代化大生产所要求的遵章守纪、严格要求的风气和习惯。因为是自己动手创造的成果，也就更容易保持和坚持下去。

■ 审核整洁标准

把你的属地想成是一块告示板，你对整洁的标准被刊登在告示板上，使每个人都看得见。员工是如何工作的？是以一种整洁有序的方式进行吗？作业区域干净并且整齐吗？材料及工具的摆放是否适当？你如何能确保你的属地是整洁有序的？你可以利用和审核程序同样的方法来审核整洁标准，这种审核将可帮助你了解：

- ◆ 整洁标准是适合此工作的（被审核且更新）；
- ◆ 整洁标准是否被所有相关者知道并了解；
- ◆ 整洁标准是否被遵守，如作业区域、工作场所、材料工具等是否井然有序。

问题1　你可以检查作业区域的整齐状况，其方法是检视你的整洁标准是否_____。

A. 适合

B. 被知道并了解

C. 被遵守

D. 以上皆是

问题2　谁有责任建立并维持你的作业区的整洁标准？

作业现场的整洁与安全也有很大的关系。一个有整洁有序的区域就是一个安全的区域，它可能在一定程度上避免了火灾等危险。一个整齐的区域比起一个杂乱的作业区，可使员工工作得更有效率。如果你的属地是整洁的，员工将体会到安全对你而言是重要的。

> **名言警句**　美国管理学家哈罗德：管理就是设计和保持一种良好的环境，使人在群体里高效地完成既定目标。

一个整洁的作业现场可以提高效率、改变形象、减少故障、保障品质、加强安全、减少隐患，进而可以改善企业精神面貌，形成良好的企业文化。

问题3　整洁是需要的，因为_____。

A. 它可以减少故障和隐患

B. 它可使作业区域更安全、更有效率

C. 它可展示安全对你而言是重要性

D. 以上皆是

在一个制造塑胶盒的作业区域，操作员的工作就是要剪修塑胶盒边缘过多的塑胶，然后将其放进垃圾桶里。

此作业区的属地主管注意到，有一个操作员往已经装满的垃圾桶里继续扔塑胶片和塑胶屑，结果弄得满地都是。属地主管与此名操作员交谈，告诉他们将垃圾桶倒掉并立即清扫。

问题4　属地主管是否有立即采取纠正的行动？

A. 是

B. 否

问题5　属地主管是否采取行动，以防止不安全行为再度发生？

A. 是

B. 否

第二天，同样一位操作员又没有及时清理已经装满的垃圾桶。

"昨天我不是告诉过你垃圾桶的事吗？"属地主管问，"为什么你又让塑胶碎片掉得满地都是？"

问题 6　这位属地主管的整洁标准_____。

A. 不被操作员知道

B. 未被操作员遵守

问题 7　属地主管应该做什么？［可复选］

A. 与此操作员谈论，让他了解为什么塑胶碎片掉在地上是有危害的

B. 与此操作员谈论有关整齐有序的作业区的重要性

C. 就让操作员保持那样，不去管它，因为在轮班结束时，就会清理干净

D. 以上皆是

作业区域的整洁开展起来比较容易，可以搞得轰轰烈烈，在短时间内取得明显的效果，但要坚持下去，持之以恒，不断优化就不太容易。不少企业发生过一紧、二松、三垮台、四重来的现象。

> **重要提示**　环境整洁贵在坚持，应与属地管理和岗位责任制相合起来，使每一部门、每一人员都有明确的岗位责任和工作标准。

记得，整洁就是你对大家的公开展示。如果你的属地范围干净整洁、井然有序，员工知道你的标准高，一个整齐有序的作业现场可以让员工安全地工作。

正面交谈示例
1. 在你的属地范围内，你认为哪些不安全行为是由整洁方面的问题所引起的？
2. 你能举例来说明整洁反映的安全标准吗？
3. 你如何处理你属地范围内的不整洁状态？你的工作方式趋于长期性吗？
4. 你对你属地的整洁性维持的警觉度如何？
5. 你对改善你属地区域的整洁度有什么建议？

■ 本节问题讨论

为了准备本次讨论，回答下面的问题。你针对问题所做的回答加上在小组会议上的讨论，将决定讨论有多大的价值。请务必带本手册去参加这样的团体讨论。

1. 在你的属地范围内，有保持整洁的标准要求吗？这些要求有没有进行定期的讨论与更新？

2. 在你的属地范围内，员工知道和了解这些整洁标准要求吗？

3. 在你的属地范围内，整洁情况如何？如果员工没有遵守整洁要求，可能遭受的最严重伤害是什么？

4. 鼓励你直线下属的员工保持现场整洁的有效技巧是什么？

5. 你的上级和你一起进行安全观察吗？观察的频率如何？你从此行为中有何受益？

你认为有价值的其他讨论议题，可在下面进行补充：

_____
_____
_____
_____

■ **本节问题解答**

问题1　D　　　　　　　　　问题5　B

问题2　我　　　　　　　　　问题6　A

问题3　D　　　　　　　　　问题7　A B

问题4　A

第八节　复习与讨论

这是你的安全观察与沟通训练的最后一次练习。当你完成这个章节的时候，你应已学到几乎所有安全观察与沟通原则、方法、要求和必要技巧，在安全观察与沟通训练过程中，你已被持续提醒将安全观察与沟通知识和技巧融入工作中。

■ 总练习题

问题1 你的安全观察与沟通训练的目的是成为_____［安全主管／观察人员作业行为的熟练观察员］，通过将重点放在_____［安全和不安全的行为／不安全状态］以消除_____［伤害／抱怨］。

两名操作员正在一个汽提车间作业。作业程序上说明如果他们监测到硫化氢气体泄漏，应立刻离开。同时规定当泄漏发生时，未穿戴个人防护装备，包括自携式呼吸器，不得进入泄漏区。

过去曾经发生过微量泄漏，但操作员没有立刻离开，而是自行处理的情况。班组长知道以后并未纠正这种不安全行为，反而认为他们这种做法是值得鼓励的。

问题2 就你所知，从下列五项中勾选出对这位班组长而言是很重要的一项_____。

A. 安全

B. 品质

C. 士气

D. 成本

E. 生产

问题3 这位班组长是否有责任将安全和品质、士气、成本、生产得到同样重视？

A. 是

B. 否

问题4 因为班组长没有采取行动去纠正或防止人员的不安全行为，这两位操作员可能_____。

A. 继续不安全的行为，因为他们相信这样是班组长所要求的

B. 开始安全的工作

有一天当这两名操作员正在作业时，监测到一个小泄漏。他们并没有立刻离开，其中一位尝试着关闭阀门止漏，结果却昏倒在地，被另外一位穿戴个人防护装备的人拉出去。

昏倒的操作员有幸存活下来，但在医院住了很久。

问题5 这个伤害是可以预防的吗？

A. 是，所有伤害和职业病都可以预防

B. 否，某些伤害和职业病是无法预防的

问题6 这位班组长想要缩短停工时间，但是这伤害_____。

A. 对成本没有任何影响

B. 增加成本

假如一承包商员工要进入你的属地清洗管线，这项工作需要使用高压设备。因此，他需要使用个人防护装备，包括安全帽、面罩、耳塞、橡皮手套、连身防护衣。

问题7 个人防护装备保护承包商避免陷于_____之中。

A. 训诫

B. 危害

你注意到他正使用高压设备清洗管线，但没有戴面罩。

问题8 你应该做什么？

A. 没事，这位承包商员工应对个人安全负责

B. 采取立即纠正行动

问题9 在你的属地范围内谁对安全负有责任，包括正在那里工作的承包商员工的安全？_____有责任。

问题10 你的属地范围包括_____。[可复选]

A. 你监督的实际作业现场和进入该区域的每一个人

B. 由你领导的人，不论他们正在哪里工作

问题11 假如你和其他各级主管，在各自属地范围内消除不安全行为，伤害事故的数量将会_____。

A. 减少

B. 增加

问题12 在你的属地范围内，你从任何人，包括承包商，所能预期的最佳安全绩效，

取决于你所建立并维持的_____安全标准。

A. 最高

B. 最低

一家建筑公司的总经理正视察一个接近尾声的建筑工程，这位总经理决定和工地负责人一起进行安全观察与沟通。

问题 13 在安全观察与沟通中他们应做什么？

A. 观察人员是否安全地工作

B. 寻找谁没有在工作

当这位总经理和工地负责人环绕建筑物行走时，看到一辆吊车正吊起一台设备到建筑物顶部，同时一名员工正站在这个吊装设备上面，显然他是把起重机当成升降机了。

这位总经理和工地负责人知道至少三人涉及不安全的行为：吊车司机、吊车指挥员和正站在设备上的员工，他们也知道这三位员工的主管不在附近。

问题 14 现在这位总经理和工地负责人应该_____。

A. 寻找这些员工的主管

B. 采取立即的纠正行动，以防止严重的伤害或死亡发生

问题 15 这位总经理和工地负责人观察到的不安全行为，显示这些员工的态度，是他们_____工地安全规定。

A. 遵守

B. 忽视

问题 16 对于不安全行为，这位总经理和工地负责人应该_____。

A. 找出这不安全行为的间接原因

B. 采取适当行动，以确保类似的不安全行为不会再次发生

C. 通知其他工地注意这种问题

D. 以上皆是

问题 17 评估你自己的安全绩效和在你属地范围内人员的安全绩效的方法，就是当他们正在工作时去_____他们。

A. 观察

B. 训诫

假设你是某油库的属地主管,你来到原油和成品油汽车槽车装卸栈桥进行安全观察与沟通。

问题 18 在你到达原油装卸栈桥后,最初的 10 秒到 30 秒,下列哪个可能发生?

A. 消失的行为可能发生及消逝

B. 人们继续安全的或不安全的工作

安全观察与沟通帮助你观察在你到某作业现场后,最初的 10 秒到 30 秒内发生(或消失)的行为。假如你观察到一位操作员正从槽车装卸平台上下来,当她看到你接近时,她立即将槽车装上接地线。

问题 19 这位操作员的反应是_____。

A. 调整个人防护装备

B. 改变位置

C. 重新安排工作

D. 停止工作

E. 装上接地线

F. 进行上锁

问题 20 你知道这位员工的反应是_____。

A. 一种不安全行为的证明

B. 一种不安全行为可能已经发生的线索

问题 21 当你采取行动以防止该行为再次发生时,你应该_____。

A. 和这位有不安全行为的员工交谈

B. 给这人一顿"训斥"

在你与这位员工交谈并采取行动防止再次发生后,你采取安全观察与沟通后填写安全观察与沟通卡片,报告你的行动。

有一位主管下班经过泵房的时候,他觉得听到压缩空气的声音。

问题 22 假如这位主管记得整体观察，他将对什么特别地注意_____。[可复选]

A. 看

B. 听

C. 闻

D. 感觉

这位主管知道在这个时候是不应该有什么声音的，而且如果没有适当的保护而使用压缩空气的话，人员可能会受伤，因为压缩空气可能喷进一个人的血管或将碎片射入眼睛或皮肤。

问题 23 为了找出他听到声音来源的位置，这位小组领导人应使用"四面"步骤——看上面，____、____和____。

于是，主管走进泵房，他看到门后面有一位员工正使用压缩空气吹除身上的灰尘。主管立即采取纠正行动，告诉这位员工关掉压缩空气。

问题 24 这位主管应和这名员工_____，直到这名员工了解为什么他的行为是危险的。

A. 交谈

B. 争论

问题 25 这位主管应了解造成这不安全行为的间接原因，因为_____。

A. 假如主管能纠正间接原因，他就能防止不安全行为再次发生

B. 间接原因是不安全行为的借口

主管了解员工使用压缩空气清除灰尘，是因为这样做比用刷子或真空清洁器更快，主管也了解到这位员工不知道这样做的危险。

问题 26 一旦员工知道如此使用压缩空气的危险，为了安全，他的配合意愿会_____。

A. 增加

B. 减少

假如你是一家公司的部门主管，你召集下属的人员开会。当你进入会议室，你看到瓷

砖地面有一滩咖啡,纸张和茶杯散落在会议桌上。

问题 27 会议室的脏乱是_____。

A. 你所设定标准的一种展示

B. 当人们聚在一起时的正常情况

问题 28 当在下列哪种情况时,你下属的绩效会是令人不满意的_____。[可复选]

A. 你设定的标准是低的

B. 你的标准不被知道并了解

C. 你没有确保你的标准被遵守

D. 你的标准是高的

这滩咖啡是一种不安全状态,因为有人可能因此而滑倒。

问题 29 关于这项危害,你是否应该说些什么?

A. 是,安全是你每天例行工作的一部分

B. 否,安全是安全员的责任

问题 30 当和你的下属谈话时,有两个问题是询问态度的关键:

A. 如果一旦发生意外,会造成什么样的_____?

B. 如何让工作做得更_____?

假如你是一家危险化学品处理厂的主管,你例行进行安全观察,以便及时发现员工是否在安全地工作。

问题 31 步骤一:确定处理危险化学品的程序是_____。

问题 32 步骤二:确定程序被所有相关的人员_____并了解。

问题 33 步骤三:确定程序在任何时间被_____。

当你观察的时候,一名员工继续整理他需要的装备,以便危险化学品从大桶装到几个小容器中。你注意到这位员工已经在附近准备好一个溢漏处理工具箱,以处理不慎洒出来的危险化学品。他正穿戴需要的个人防护装备,他的工具和设备似乎在良好的状况,而且作业现场是比较整洁的。依照你的观察,他正安全地工作。

问题 34 你应做什么?

A. 继续走，你应只和那些不安全的工作的人交谈

B. 停下来和这员工交谈有关他的工作，鼓励保持这种良好的作业行为，并问他让这工作更安全的建议

问题35　当这员工知道你赏识他安全地工作，他或许会_____。

A. 继续安全地工作，且帮助改进该区域的安全绩效

B. 松懈和停止尝试安全工作

问题36　一旦你完成这部分安全观察与沟通训练，你将_____。[可复选]

A. 继续做每天的安全观察

B. 定期的安全观察，针对你接触的每个人完成安全观察与沟通卡片

C. 与你的属下和上司安排时间进行安全观察

D. 以上皆是

一位主管记住安全观察检查表的内容以后，决定进入作业现场进行观察。他停止脚步观察一位正在使用电锯的员工，发现员工使用的电锯并未安装防护罩，于是他要求员工立刻停下工作，并关掉电源。

问题37　下一步这位主管应该_____。

A. 训诫员工有关不安全行为的危害

B. 和员工交谈沟通，直到他了解为什么这样是危险的

问题38　这位主管将会与员工有较好的合作，假如他使用_____。

A. "如果一旦"和"如何"等问题

B. 一种愤怒的语调

这位主管使用他自己的语言询问"如果一旦"的问题：

主管：假如你在没有防护罩的状况下使用这锯子，如果一旦发生意外，会造成什么伤害？

员工：我不确定，我猜想这片要锯的木板可能会反弹打到我，或者我被锯片割伤。

主管：没错。

然后主管问"如何"的问题：

主管：将来我们如何能确保在较安全的状况下工作？

员工：哦，我想我们需要较为详细的作业指导书，现有作业指导书的规定是"当使用电锯时，应使用适当的防护设备。"这对我而言，没有什么作用。因为我不常使用这设备，除非有紧急任务时才会使用，一般也只是锯一下，而且操作手册上并没有说明使用什么防护设备以及如何安装。

问题39　什么是不安全的间接原因？

A. 因为程序说明不清楚，所以不适合

B. 员工没有阅读程序

主管：你说得对，作业指导书应该明确说明相关的防护设备安装和使用说明，我们需要专门地讨论这个问题。你有什么好的建议吗？

员工：没什么特别的。

主管：假如你想到其他的方法可以使这项工作更安全，及时告诉我好吗？

问题40　主管利用询问的态度，并且倾听员工说话，这可能将导致员工在未来工作时会更安全。

A. 对

B. 错

只要你坚持不懈地在日常工作中运用安全观察与沟通，你将因此成为一个熟练的安全行为观察者和一个优秀的沟通者。当你持续地运用并培养安全观察与沟通知识和技能时，你和你组织的安全绩效将会得到持续改进。

■ 本节问题讨论

你将参加另一次小组讨论，你和小组其他成员有机会探讨你们自己的目标和需要，你将能把重点放在如何通过安全观察与沟通系统创造你的区域安全绩效的提升。

为了准备讨论，回答下面的问题，请务必带着这本手册去参加讨论。

1. 请你思考知识与技巧有什么区别？

2. 列举两个或三个方面，说明自从你开始安全观察与沟通训练以后，你相信自己的行为已经改变。

3. 你在使用安全观察与沟通卡片时有什么特别的问题？你希望继续使用安全观察与沟通卡片吗？

4. 你属地范围内有哪些安全趋势，你觉得公司应对其采取哪些行动？

你认为有价值的其他讨论议题，可在下面进行补充：

_____

_____

■ 本节问题解答

问题 1	观察人员工作行为的熟练观察员，安全和不安全的行为，伤害		问题 15	B
			问题 16	D
问题 2	E		问题 17	A
问题 3	A		问题 18	A
问题 4	A		问题 19	E
问题 5	A		问题 20	B
问题 6	B		问题 21	A
问题 7	B		问题 22	A B C D
问题 8	B		问题 23	下面，后面，里面
问题 9	我		问题 24	A
问题 10	A B		问题 25	A
问题 11	A		问题 26	A
问题 12	B		问题 27	A
问题 13	A		问题 28	A B C
问题 14	B		问题 29	A

问题 30　伤害，安全
问题 31　适合的
问题 32　知道
问题 33　遵守
问题 34　B
问题 35　A

问题 36　D
问题 37　B
问题 38　A
问题 39　A
问题 40　A

第四章

安全观察与沟通的实施

恭喜你已经进行到这里，本章内容是结束也是开始，它是正式安全观察与沟通训练部分的结束；它同时也是一个开始，现在开始学习如何将安全观察与沟通系统融入组织。

但当训练结束时，你和公司其他成员需要特别努力，以保持安全观察与沟通系统的持续运行，你需要提醒你自己——"**安全工作贵在持之以恒**"。从现在开始，让你与你的团队一起行动吧。当你开始推广安全观察与沟通的时候，正说明你对安全的承诺和重视已经提升到了较高的层次。

第一节　主管的安全责任

现在是你能较完整地实行安全观察与沟通系统的时候，你的安全观察与沟通训练帮助你掌握的执行正式安全观察与沟通的知识和技能。当你坚持应用这些技能与知识时，你的安全绩效将会持续改进。现在，你最大的挑战就是在以后每天的例行工作中，继续应用并充分发挥你所学到的知识。通过不断练习、实践与提升，可以帮助你达到此目的。

■ 与安全检查的区别

首先，随着学习的深入和实践的不断强化，相信你对安全观察与沟通有了更深的认识和感悟，你思考过安全观察与沟通与传统安全检查的不同了吗？了解它们的不同，你能够更好地掌握和运用这一方法。

> **重要提示**　安全观察不能替代传统安全检查，它们是两种不同的安全管理方式，不能相互替代，但可以相互借鉴、相互补充。

- ◆ 传统的安全检查更多地关注物的不安全状态或隐患，较少涉及人的不安全行为；而安全观察与沟通的核心在于关注人的安全与不安全行为。
- ◆ 传统的安全检查只关注找出现场存在的隐患和问题，结果是批评、指责或处罚；而安全观察与沟通不仅要找出作业现场的不安全行为，还要鼓励和表扬安全的作业行为。
- ◆ 传统的安全检查是被动的，由上而下的、单向的告知，不能完全达成共识，执行力不好；而安全观察与沟通则是互动的、平等的、双向的沟通，达成共识后，执行力较好。
- ◆ 传统的安全检查关注的是检查结果；而安全观察与沟通关注的是沟通的过程，并采取让被观察者更容易接受的方式、方法进行沟通。

◆ 传统的安全检查结果会与考核、处罚等机制相关联；而安全观察与沟通结果不作为处罚的依据，是非处罚性的。

问题1 与传统的安全检查相比，安全观察与沟通的特点是：_____。[可复选]

A. 友好的、非处罚性的

B. 双向的、平等的沟通

C. 关注人的行为

D. 关注物的状态

名言警句 《论语》：工欲善其事，必先利其器。

总之，没有无能的士兵，只有无能的将领。怎样驾驭好安全观察与沟通，切实规范员工的安全行为？首先，掌握安全观察与沟通的实质就是平等地与员工一起讨论安全问题，需要你沉下身子，放下架子，撇下面子，像对待自己的兄弟一样对待员工，切忌高压和责骂，建立良好的沟通氛围是成败的关键！

重要提示 员工是否接受你的安全观察与沟通，很大程度上取决于你的"态度"！

假如你观察到现场一位叉车驾驶员速度太快，你也注意到他倒车时没有回头看。

问题2 你需要去停止这种不安全行为，防止有人受伤，因此你要_____采取纠正行动。

在你要求叉车驾驶员停下来一会儿，他说："没事，我经常这么做，工作近十年了，从来没出过事，我反应很快的，以后也不会出事的。"

问题3 什么是这位操作员不安全行为的间接原因？[可复选]

A. 习惯

B. 一种"事情不会发生在我身上"的观念

C. 疏忽

D. 不知道规则

问题4 假如你说服这位驾驶员遵守安全规定，他是否将很容易地改变习惯和观念？

A. 是

B. 否，改变习惯和观念需要时间和努力

问题5 你应该怎么做？

A. 继续走，你应该和那些不安全工作的人沟通

B. 停一会儿，和这位驾驶员谈论有关他的工作

C. 如果说服不了这位驾驶员，那就采取处罚手段

问题6 谁有责任去帮助员工去改变那些可能导致意外或伤害发生的习惯和观念？_____有责任。

■ 你的安全责任

你知道保障安全是直线领导和属地主管的责任，但是当你真正要从事该工作时，这意味着什么？谁负责什么？这有时候是各方平衡的问题。你知道安全与质量、士气、成本及生产是同等重要的，但是如何在安全与其他重要的事之间取得平衡？方法之一是你致力于安全绩效的提升时，决定谁该做什么事。不要替你的直线下属做他应该做的事，但是要训练直线下属熟悉安全观察与沟通技巧。

假定你是厂长，正与一位向你直接汇报的车间主任做安全观察与沟通。在必须戴安全帽的区域，你注意到车间主任下属的一名班组长未戴安全帽。

问题7 现在你应该采取什么行动？

A. 立刻过去与班组长谈话

B. 与车间主任谈话

刚开始你应以缓和的语气询问车间主任一些问题。例如，车间主任如何加强与追求安全绩效的提升？车间主任是否在他属地范围内看到什么问题？藉以询问这些问题，以及鼓励车间主任采取行动，你维持了对车间主任职责权限内的尊重。

> **名言警句** 松下幸之助：一位称职的管理者应该只做自己该做的事，不做下属该做的事。有效的授权，正是管理者该做的事。

与车间主任谈话的另一个原因是，表现出你希望每一位员工，包括部门经理、车间主任、班组长等都符合特定的安全要求，希望车间主任强化安全作业行为并找出不安全的行为。

问题 8 你还需要向车间主任解释，任何人所能期望的最佳安全绩效，是决定于已设立并维持的_____标准。

A. 最高

B. 最低

问题 9 设立并维持车间主任应达到的高安全标准是谁的责任？

A. 厂长

B. 班组长

问题 10 设立并维持班组长应达到的高安全标准是谁的责任？

A. 员工

B. 车间主任

问题 11 车间主任巡视现场时未注意到不安全的行为，你是否预期会发现其他不安全行为？

A. 是

B. 否

你尽力保留每位员工的自尊与权利，但是要记住如果意外事故发生，则会使每位员工都可能受到伤害。因此，当某位员工处于危险状况，而车间主任或班组长不在附近时，立即采取行动并避免其行为再次发生就是你的职责。

假设李某是向你报告的班组长，他管辖的属地范围的工作经常需要使用一些手持电动工具。你怀疑这些电动工具是否被正确地使用。

问题 12 这时你应该做什么？［可复选］

A. 不需要告诉李某，可独自检查

B. 要求李某调查，是否已尽可能安全地被执行

C. 与李某共同检查，以找出降低危害的解决方法

D. 以上皆非

提升安全绩效的有效途径，就是要让每个人把自己该做的工作做好，这是你的责任，不要替员工做他们应该做的事。

你知道消除不安全行为和伤害是你工作的一部分。那么你现在处在何种水平？你需要从哪些方面进行改进？下列问题可以评估你的安全绩效，请在每道题后面选一个答案。

■ 你的安全绩效测试

现在可以利用书面的表单评估你的安全绩效，可以用这次的分数和你在安全观察与沟通刚开始时的第一次自我评估的分数相比较。

> **自我测试**
>
> 　　根据实际情况，有四个选项由你先择：A. 总是；B. 经常；C. 有时；D. 很少；E. 从未
> 　（1）你是否不论上班还是下班时间都会遵守安全规则？　　　　（　）
> 　（2）当你分配任务时，是否会提到安全作业的具体要求？　　　（　）
> 　（3）你的下属看到你走近时，作业是否依旧如常进行？　　　　（　）
> 　（4）在你走进一个作业现场的前十秒到三十秒间，你是否特别注意员工的反应？　　　　　　　　　　　　　　　　　　　　　　（　）
> 　（5）你是否在工作上应用询问的态度问自己：如果一旦有意外发生，可能会造成什么伤害？或是如何让工作可以进行地更安全？　　（　）
> 　（6）你进行安全观察的时候，是否用上所有感官功能（整体观察），你又是否记得看上面、下面、后面、里面？　　　　　　　　（　）
> 　（7）你是否和正在进行安全作业的员工交谈，以加强安全的作业行为？（　）
> 　（8）当你观察到不安全行为时，是否立即予以纠正？　　　　　（　）
> 　（9）你观察到不安全行为时，是否采取纠正措施，以防止该行为再次发生？　　　　　　　　　　　　　　　　　　　　　　　　（　）

（10）你是否定期检查作业程序，以确保程序适合，并被了解、知道和遵守？
（　　）

（11）作为你的整洁标准的展示，你对你的属地范围的整齐秩序是否满意？
（　　）

（12）你是否从头到脚观察每位员工，注意其身体每一部分是否都有防护？
（　　）

（13）你是否观察员工的作业位置，以确保他们不会受到潜在的伤害？
（　　）

（14）观察过员工的位置后，你是否检查他们所使用的工具与设备？（　　）

（15）为防止不安全行为的再次发生，你是否采取询问的态度并认真倾听，让对方有机会告诉你危害的所在？（　　）

（16）针对不安全行为的根本原因所采取的纠正措施，你是否会运用你的判断力并保持警觉，以使你所采取的行动既能适应当时的情况，又能符合公司的规定？（　　）

针对每一个问题评分你的答案，A——5分，B——4分，C——3分，D——2分，E——1分。根据你的选项，将16个问题的分数相加，从而得到总分。将你的总分与表4-1相互比较。

表4-1　得分及其代表的意义

你的总分	代表的意义
70~80	你做得很好，继续持续下去
59~69	你做得还好，但可以再改进
48~58	你需要下点功夫改进
47及以下	小心！在你的属地范围内不安全行为和伤害可能增加，你必须很努力地去改进

第二节　安全观察与沟通的策划

安全观察与沟通导入前期需要先进行宣传，安全观察与沟通是一个非强制性提高安全意识的管理措施，那么在实施前提高人们的兴趣和参与意识是十分必要的，也是非常重要的一个步骤。为此在实施前至少要开展两个星期以上的宣传活动。

■ 组织形式和频次

安全观察与沟通通常分为**随机性和计划性**两种形式。

随机性的安全观察与沟通，是一种非正式的活动，可由各级管理人员无论是生活当中还是工作当中，无论何时何地，都可随时随地的进行，观察结果不做填报要求。它体现的是对工作、对生活的一种态度和习惯，体现的是你对生命的一种尊重。关于随机性的安全观察与沟通这里不再累述，本节所说的主要是计划性的安全观察与沟通。

计划性的安全观察与沟通，是一种正式的活动，是有计划、有组织、分层次的形式来进行，观察的结果要进行记录、上报、统计和分析。分为各级领导、机关干部、各级属地主管等多个层次形式。

> **重要提示**　你将达到的卓越安全水平取决于你展示你愿望的行动！

问题13　安全观察与沟通有_____和_____两种形式。计划性的安全观察与沟通，是一种_____的活动，观察的结果要进行_____。

领导和机关干部计划性的安全观察与沟通，可以与现行的干部联系点相结合，至少每季度开展一次，由公司的专职安全管理人员或被观察的属地单位负责人陪同。

问题14　领导和机关干部进行安全观察与沟通，可以与现行的_____相结合，可由_____陪同。

各级属地主管计划性的安全观察与沟通，可根据公司组织机构的层次来决定观察的频次，一线主管（如班组长）可以每星期 3~5 次，上一级的主管可能每月 1~4 次。通常情况下，一线主管可个人独立进行，其他领导干部可由属地主管或安全员陪同。

问题 15 一线主管（基层班组长）和专职安全管理人员进行计划性安全观察与沟通可以_____形式进行，其他领导干部可由_____陪同。

此外，专职安全人员应定期、独立地执行计划性日常安全观察与沟通，其观察结果应与其他管理人员的观察结果进行比较。随着安全观察与沟通活动的深入开展，你也应鼓励你的员工在日常工作中进行随机的安全观察与沟通。

问题 16 专职安全人员应_____地执行计划性日常安全观察与沟通，其观察结果应与_____的观察结果进行比较。

需要提出的是，上述安全观察与沟通的频次是基本的要求，仅作为参考，但是由于不同组织的规模、性质、文化、体系推进情况等不同，安全观察与沟通的频次也可能有所不同。

■ 编制工作计划

通常情况下，安全管理部门负责组织制定安全观察与沟通的相关管理办法，制定安全观察与沟通实施计划，并对安全观察与沟通的实施提供技术指导和咨询。负责定期收集、统计和分析安全观察与沟通的信息和数据，及时上报 HSE 管理委员会，并报上级安全管理部门。

按年度编制的安全观察与沟通计划至少应包括以下内容：

- ◆ 实施安全观察的人员；
- ◆ 安全观察的区域；
- ◆ 安全观察与沟通的时限；
- ◆ 安全观察与沟通的频次与安排；
- ◆ 安全观察与沟通报告的要求等。

安全观察与沟通时限应包括观察员工作业过程的时间以及观察者与员工就观察发现进行沟通讨论的时间。

问题 17　一般情况下，安全管理部门主要负责_____。[可复选]

A. 组织制定安全观察与沟通的相关管理办法

B. 年度安全观察与沟通计划的制定和结果统计分析

C. 代替公司领导实施安全观察与沟通

D. 用安全观察与沟通代替安全检查

制定安全观察与沟通计划时，不同的直线领导或管理人员应该有不同的频次要求。非本区域内人员进行安全观察与沟通时，应有本区域人员陪同。此外，安全观察与沟通计划应考虑覆盖所有区域和所有班次，并覆盖所有的作业时间段，如夜班作业、超时加班以及节假日作业。

问题 18　安全观察与沟通计划应覆盖不同的作业时间，包括_____。[可复选]

A. 夜班作业

B. 超时加班作业

C. 节假日加班作业

D. 以上都是

实施安全观察与沟通应作为个人安全行动计划的重要内容之一，纳入各级主管的个人安全行动计划中去，同时明确观察的范围、观察的频次、监督检查等方面的要求。

当然，不同的企业有不同的行业特点、管理风格和文化背景，因此在开展安全观察与沟通时，一定要结合自身特点，以保证实施的效果。

■ 制定安全行为清单

做为一名直线领导或属地主管，你的职责是：亲自参加安全观察与沟通；提供必要的资源，确保采取适当的措施解决发现的问题；审阅统计数据；制定先导性指标，设定警戒线，并依据统计分析结果制定改进方案。

为使安全观察与沟通发挥更大的效能，可以组织你的员工制定安全行为清单，制定安全行为清单的方法有好几种。员工可以根据自己对工作活动的了解举出一些不安全行为，也可以从工作程序、作业指导书或从安全培训的内容中寻找。

最普遍的一种方法就是找出所在组织曾导致过伤亡或事故的不安全行为和不安全状态。在确定了这些不安全行为后，就可以制定一份对应的安全行为审核清单，即将要求的安全行为改变成对应的不安全行为。例如，对应"用绳子和桶缓慢地将物料降到地面"的安全行为就可以改写成"随意从高处倾泻物料"的不安全行为。

在确定安全行为清单时要尽可能明确具体。所定的安全行为清单应该和具体的工作相对应，一般只应作为指导、培训参考使用。安全行为清单的创立过程不是必须的，但其实是一项很好的安全教育活动，你可以根据组织的实际选择使用。

不安全行为举例

以下内容是某组织从事故、事件以及安全观察工作中得到的一些不安全行为和不安全因素。这个清单可以用作制定安全行为清单时的参照。

（1）超负荷负重；

（2）不安全位置负重；

（3）托举重物时扭动；

（4）吊装物体失控；

（5）手或手指被夹住；

（6）没有使用工具盒装扳手；

（7）没用法兰拆分器拆分法兰；

（8）未按程序清除石棉；

（9）在立柱上架用活梯；

（10）活梯双腿展开角度不够；

（11）梯子太短而不足以够到工作面；

（12）站在活梯的最高一梯；

（13）双腿岔开站在活梯顶部和仪器箱上；

（14）升降脚手架结构；

（15）高处作业没有防坠落保护；

（16）未佩戴高处坠落阻止设备；

（17）将坠落阻止制动索系在不合适的固定端；

（18）下楼梯时不扶扶手；

（19）结冰的人行道不做撒沙处理；

（20）不使用旋转楼梯而是攀爬货架；

（21）使用损坏了的活梯；

（22）楼梯结冰和积雪未去除；

（23）易碰头地方未标识；

（24）易坠落物体未固定好；

（25）未设置防护板以保护作业面下面的工人；

（26）拆开法兰前未确认管线内的物质；

（27）打磨时未佩戴面罩；

（28）未经允许擅自开工；

（29）超出自身能力搬举重物；

（30）使用低于工作要求等级的铁索吊装；

（31）抄捷径以节省时间；

（32）操作时未进行气体检测；

（33）扳手选择不当；

（34）把扳手当撬棍用；

（35）携带重物登梯；

（36）从高处抛下重物；

（37）未确认是否已经断电；

（38）未进行工作前的危险检查；

（39）分派任务前未核实员工能力和资质，如高空升降平台操作工；

（40）未合理计划工作；

（41）未提供充足的时间保证工作安全地完成；

（42）安装的支撑不合适；

（43）敞篷拖车卸货时站在管子上；

（44）在装货时未防护；

（45）高层作业区掉下的物品；

（46）没有防护尖锐物伤手；

（47）抓握锐器时未戴专用手套；

（48）未有效控制火花；

（49）登梯时未保持三点接触；

（50）在梯子上身体超越侧边探物；

（51）通往工作地点的通道不畅；

（52）未在喷嘴下安装接漏盘；

（53）未储备足够的备用阀门、配件等；

（54）未穿救生衣；

（55）地面深坑未加覆盖；

（56）在深井附近工作未进行坠落防护；

（57）使用汽油作为原油泄漏的稀释剂；

（58）在佩戴自呼吸器之前没有查看剩余气量；

（59）攀爬时解开被它物勾住的衣服；

（60）打磨机的挡板被拆除；

（61）从打磨机上拉动打磨机的电源线；

（62）信号员未穿专用背心、未戴金属护手；

（63）信号员没有站在合适的位置观察其他员工；

（64）使用磨损的尼龙吊绳；

（65）驾车时不系安全带；

（66）未执行受限空间准入程序；

（67）在有毒环境下摘下呼吸器。

另一种方法，可由作业小组全权负责识别那些纳入观察行列的安全行为，形成行为选择列表应用索引，组织或是工作现场推荐的安全行为，也应考虑在内。此选择列表仅作为参考，不要理解为是强制性或限制性的。作业小组可以全部或部分使用选择列表中建议的例子，以更好地符合他们特定的需要。

选择采用完全说明方法来制定安全行为清单的作业小组可以采用两种分类方式，一种是整体通用性分类，如劳动保护用品、人体工效学、手持工具、气瓶、梯子、工作场所、危害因素辨识等；另一种是根据不同的作业活动分类，如高处作业、办公室安全、装卸作业、维修作业、设备操作等。劳动保护用品安全行为清单举例如表4-2所示。

表4-2 劳动保护用品安全行为清单

要观察的行为	详细说明
正确佩戴安全帽，安全帽能满足工作的需要，且状态良好	（1）帽壳没有可见的裂缝； （2）帽箍、吸汗带、衬带、调节器、缓冲垫、系带、帽舌完好无损； （3）大小合适（不松弛），内衬圆周大小调节到对头部稍有约束感； （4）帽带系在颌下并系紧； （5）帽衬顶端与帽壳内顶之间必须保持20~50毫米的空间； （6）头盔前沿要压至眉头之上，不露出额头； （7）佩戴方向正确（在前部贴标识），戴正； （8）冬天戴安全帽，应将安全帽戴于大衣的棉帽内； （9）女工应将长发盘起放于安全帽内； （10）安全帽不能超过使用年限； （11）任何地点，不得将安全帽做为座垫使用； （12）安全帽只要受过一次强力的撞击，就不能继续使用； （13）符合使用场所的安全标准

续表

要观察的行为	详细说明
正确佩戴眼睛保护装置，装置能满足工作需要，且状态良好	（1）处于有腐蚀性气体的场所要佩戴护目镜； （2）镜片洁净，磨损粗糙会降低视线； （3）没有明显的裂纹； （4）防护眼镜的眼罩处在正确的位置； （5）必要时佩戴有紫外线防护功能的眼镜； （6）护目镜的宽窄和大小要适合使用者的脸型； （7）护目镜要专人专用，防止传染眼病； （8）方位正确（护目镜应戴在头上而不是安全帽上等）
正确使用安全带，安全带能满足工作需要，且状态良好	（1）使用前要检查； （2）高挂低用，注意防止摆动碰撞； （3）不得将绳打结使用；也不得将钩直接挂在安全绳上使用，应挂在连接环上使用； （4）安全带上的各种部件不得任意拆掉； （5）更换新绳时要注意加绳套； （6）安全带使用两年后，按批量购入情况，抽验一次； （7）使用频繁的绳，要经常做外观检查，发现异常时，应立即更换新绳； （8）使用时避免触碰有钩刺的工具； （9）安全带应储藏在干燥、通风的仓库内，不准接触高温、明火、强酸和尖锐的坚硬物体，也不准长期曝晒、雨淋
……	……

第三节　安全观察与沟通的实施

在完成了前期安全观察与沟通的导入、宣传、研习后，安全观察与沟通的关键在于现场实施。为了改进安全绩效，你的强有力的承诺是必要的，这承诺包括持续执行日常安全观察和定期实施安全行为审核。当这阶段的安全观察与沟通训练结束时，会取得你想要的成果。其关键在于组织内持续的安全观察与沟通活动，包括每天的随机安全观察和定期的安全行为审核。

■ 随机性安全观察

确定进行观察的区域，你要注意：如何到达现场；了解个人防护用品和现场要求；个人防护用品和行为的典范，如使用安全带、上下楼梯抓扶手……

第四章 安全观察与沟通的实施

- ◆ 走到你打算进行观察沟通的区域，进入该区域时把重点放在人的身上；
- ◆ 记住，在你管辖区域里的任何员工、来访者、承包商在责任上都是"你的员工"；
- ◆ 在你打算要观察的员工近处停下来，仔细观察所有前面所学到的七个类别；
- ◆ 走进该员工打招呼并自我介绍，解释你为什么在这儿（和员工讨论这项工作）；
- ◆ 讨论回顾你所有七个观察类别，肯定该员工作业中安全的部分；
- ◆ 用求教的态度和恰当的语气与员工讨论不安全行为和该行为的后果；
- ◆ 与员工沟通安全的作业方法并与员工共同总结，取得一致的看法；
- ◆ 感谢员工花费时间与你进行讨论；

如果员工愿意谈论一个难题，不妨听听他们关心的内容，不过，你并不是去解决工作难题的。如果员工采取守势，不妨先暂时"撤退"。

你已经养成观察以及与他人沟通安全及不安全行为的习惯。为了实现理想的安全绩效，应每天展现你对安全持续改善的承诺。现在你将每天持续运用你学到的观察知识和技巧。在观察过程中当你发现不安全行为时，你应该立即采取纠正和防止再次发生的行动，而且你应该鼓励你观察到的安全行为。

随机的安全观察每天填写的安全观察与沟通卡片不是事先安排好的。一旦这阶段的安全观察与沟通训练结束，每天的随机安全观察你将不需要去填写安全观察与沟通卡片。

问题 19 一旦这阶段的安全观察与沟通训练结束，你将_____。

A. 持续去做每天的安全观察

B. 停止做每天的安全观察

问题 20 一旦安全观察与沟通训练结束，你将做每天的安全观察而不用填写一张安全观察与沟通卡片。

A. 对

B. 错

每天随机的安全观察将是成功的安全观察与沟通系统的一部分，安全观察与沟通用于定期的安全行为审核也是一样，这会在下一节中解释。

■ 计划性安全观察

下一个安全观察与沟通阶段包括执行正式的、定期的、指定作业现场和工作时间的安全观察与沟通，通常称之为"安全行为审核"。什么是安全行为审核？它是一种经过事先策划的，在指定作业现场进行的长达 30 分钟的安全观察与沟通。有效的安全行为审核的关键是充分运用你在安全观察与沟通训练中所学到的观察技术和技巧。

问题 21 安全行为审核是一种经过＿＿＿＿＿＿，在指定作业现场进行的长达 30 分钟的安全观察与沟通；是一种正式的、定期的、指定作业现场和工作时间的安全观察与沟通。

你应该定期利用至少 30 分钟的时间执行正式的安全行为审核，无论是公司经理、部门经理，还是各级主管都需要定期安排充足的时间，以便实现覆盖全组织范围的安全行为审核。

> **重要提示** 把安全当作一项价值，而不是一个任务去对待。

除了本人按照事先的策划单独执行安全行为审核以外，你也应和你的直线下属一起进行。此外，你的主管领导也需要和你一起实施联合安全观察，这将帮助你持续提升安全观察与沟通技巧及拓展沟通渠道。

问题 22 最好的安全行为审核系统建立在＿＿＿＿＿＿。

A. 自己做安全观察

B. 和你的直线下属做安全观察

C. 和你的主管领导做安全观察

D. 以上皆是

利用你在安全观察与沟通训练中学到的技巧做正式的安全行为审核，从下定决心做安全观察与沟通开始，充分利用完整的安全行为审核检查表，复习安全观察检查表，以提醒自己要观察的行为。

当你决定对一名正在工作的员工进行安全观察，并在接近他的地方停止时，需要先将安全观察与沟通卡片收好，然后采取通过与员工交谈的方式，来消除不安全行为或加强安全工作行为。沟通结束后填写安全观察与沟通卡片，以完成安全观察报告。通常是每和一名员工交谈就应该填写一张安全观察与沟通卡片。

问题 23 当做正式的安全行为审核时你应该_____。[可复选]

A. 定期安排

B. 安排至少 30 分钟

C. 遵照安全观察与沟通的步骤，使用在安全观察与沟通训练中学到的观察和沟通技巧

D. 填写安全观察与沟通卡片

在安全观察与沟通训练时，你使用安全观察与沟通卡片来报告安全观察的结果。现在你将使用安全观察与沟通卡片来报告正式的行为安全审核的结果。然后，依照你所在组织的规定交回安全观察与沟通卡片。公司将利用完成的安全观察与沟通卡片分析安全观察的结果，以便掌握已改善的工作和有待改进的地方。

某公司经理积极推广安全观察与沟通活动，他个人定期进行安全行为审核，而且他要求其他的副经理和直线主管也定期进行安全行为审核，并完成安全观察与沟通卡片。经理们定期召开 HSE 委员会会议，以及各类分委会会议，在会议上讨论安全观察的结果、评估安全绩效、分析其发展趋势，同时规划新的安全绩效提升计划等，此外还将正式的安全观察与沟通结果定期进行公布。

问题 24 你认为这家公司将有令人满意的安全绩效吗？

A. 是

B. 否

问题 25 这位经理传达的信息是_____。

A. 他对员工的安全非常重视

B. 他的安全标准是较低的

问题 26 这位经理的安全态度和行动能否体现有感领导？

A. 是

B. 否

某车间主任甲到作业现场进行安全观察与沟通，看到员工乙、丙、丁三人按照日常工作程序在消除静电后，佩戴安全帽、携带扳手等工具登上检修栈桥对铁路罐车进行人孔大盖拆除检修，乙、丙两人用风动扳手将大盖螺栓首先卸下，紧接着依次卸下紧急切断阀、气液相阀后开始对安全阀防护盖进行拆卸，由于螺栓被腐蚀锈死，造成扳手无法拆卸，这时丁用扳手扣住螺栓用脚蹬住扳手柄。主任甲走过去说："喂，你这样做不对。怎么能用脚呢？赶快停止，干活要动动脑子。"说完就走开忙其他工作去了。

问题 27　这种做法符合安全观察与沟通的要求吗？存在哪些问题？该如何改进？

■ 可能遇到的问题和挑战

安全观察与沟通是与处罚式等传统安全管理方法不同，它是以请教而非教导的方式与员工平等地沟通，引导和启发员工思考更多的安全问题，从而坚持安全行为、纠正不安全行为。

> **重要提示**　如果我们总以过去的方式做事，那么得到的结果总是同过去的一样。

从目前的实践效果来看，这种管理方法虽然受基层员工欢迎，但各级管理者并不热忠于此，部分企业高级管理层几乎不参与此项活动。有些组织在实施安全观察与沟通的过程中还存在不少问题。

◆ 由于宣贯不到位，员工不了解安全观察与沟通的本质，仍然理解为另一种性质的安全检查，防备心理比较大，不愿意配合，导致相互之间的沟通存在障碍，沟通不顺畅。

◆ 由于专业能力不足，部分管理者缺乏必要的安全方面的专业知识和技能，导致即使亲自去现场进行了安全观察，也看不出存在的不安全行为，与员工讨论具体问题而不是讨论安全问题。

◆ 由于培训不到位，部分管理者的思想还没完全转变，也缺乏沟通技巧，不善于与员工进行交谈。或者沟通的方式、方法不合适，没有达到与员工共同探讨安全问题的目的，导致安全观察与沟通不能达到预期的效果。

第四章 安全观察与沟通的实施

◆ 缺少相关的策划，没有分层次确定不同的安全观察与沟通人员的组织形式，还是以领导带队的类似安全检查的形式进行。行为安全观察与沟通不仅用于安全目的，还要将其与部门的其他检查工作合并到一起执行。

◆ 缺少科学的目标、合理的职责分配、全面的资源保障、执行过程和执行效果的监督管理等方面的统筹安排，只编制了简单的工作计划。没有对问题纠正或者行为改变进行后续跟踪。

◆ 传统的上级对下级的态度，对观察到的不安全行为以单向告知的方式进行，要求员工立即进行纠正。对于观察到的安全行为没有予以表扬和肯定。

◆ 观察到了员工的不安全行为，但是不愿意与其交谈，担心员工的反应，认为不熟悉现场的工作或任务，只是在安全观察与沟通卡片上记录这种不安全的行为。

◆ 管理者放不下架子，沟通的身份不对等，只以身份地位论事。对下属的意见不屑一顾。员工的真知灼见他根本没有接收到信息，长此以往，会让员工失去思考的积极性。

◆ 沟通就是走过场，成了领导的秀场，在领导心中早已认为有自己的观点，而且认为是绝对正确的，根本没有怀着虚心的态度来倾听和接受其他人的意见和建议。

◆ 各级管理没有开展安全观察与沟通活动，而只是让基层员工来做安全观察与沟通。由于缺乏相应的安全文化氛围，这样的活动只能流于形式。

◆ 各级管理者之间缺乏讨论，只是彼此独立地开展自己的安全观察与沟通，没有将安全观察和沟通的结果相互探讨，共同研究安全观察与沟通过程中存在的问题和对策。

> **重要提示** 管理最终决定员工行为，这是一个自上而下的过程，安全应从最高领导开始，人人参与。

安全观察与沟通程序是一个有效的行为安全培训和监察制度，如果要发挥好安全观察与沟通程序的功能，必须企业高层管理者给予充分的支持、亲身参与，只有高层管理者切实意识到了安全管理的责任，坚定重视安全的决心，才可能以身作则，积极发现、纠正哪怕是很小的不安全行为，持之以恒，从而形成良好的安全氛围，提高全员安全意识。

> **自我测试**
>
> 检查你在安全观察与沟通中是否做到良好沟通？你将如何改进（表4-3）？

表4-3 自我测试表

序号	可能造成不良沟通的原因		你的改进
1	准备不足	举例：	
2	缺乏必要信息	举例：	
3	缺乏必要知识	举例：	
4	缺乏必要技能	举例：	
5	你说的多，问的少	举例：	
6	你问的多，说的少	举例：	
7	没理解对方的话，以至询问不当	举例：	
8	时间不够	举例：	
9	不良情绪	举例：	
10	没有注重反馈	举例：	
11	没有理解他人的需求	举例：	
12	有偏见，先入为主	举例：	
13	失去耐心，造成争执	举例：	
14	判断错误	举例：	
15	文化的差距	举例：	
16	……		

■ SOC 卡片在基层中的使用

安全观察与沟通在不同的企业安全文化阶段，其使用者是不一样的，从自然本能、严格监督到自主管理阶段，使用者都应为各级管理人员，这三个阶段的提升过程也是由高层管理者逐步向基层管理者推广延伸的过程。只有当企业的安全文化进入团队管理阶段时，安全观察与沟通的使用才会延伸到最基层的每位员工，即要求平级观察与沟通。

如果你无法确认你所在组织所处的文化阶段，最起码的准则应该是：除非你所在组织从最高管理者到班组长的各级管理者都已养成了良好的安全观察与沟通习惯，不然不要急着把这种安全管理方法推向基层员工。只有你的组织满足了条件，具备了相应的安全文化基础，你才可以按照下列方法做：

◆ 做好宣传工作。安全观察与沟通卡片对员工来说是一种在现场进行 HSE 管理的新方式，要在员工中做好宣传动员和培训工作，使大家对使用安全观察与沟通卡片有一个正确的认识，并能正确使用。

◆ 安全观察与沟通卡片的使用。为便于雇员能及时正确使用安全观察与沟通卡片，应将安全观察与沟通卡片放在员工容易拿到的地方或分发给每位员工。使每位员工在进行作业前对照安全观察与沟通卡片进行必要的自我检查，或在作业过程发现人的不安全行为和物的不安全状态后及时进行记录观察。

◆ 安全观察与沟通卡片的收集。各基层组织应在值班室、会议室等地方建立安全观察与沟通卡片收集箱，员工将当天观察到的不安全行为写在安全观察与沟通卡片上并投进安全观察与沟通卡片收集箱。由安全人员负责对所收集的安全观察与沟通卡片进行分析，对员工所反映的问题要及时进行整改和处理，并将收集的安全观察与沟通卡片妥善保存。

◆ 对安全观察与沟通卡片的奖励。为鼓励员工积极使用安全观察与沟通卡片，每个基层组织可对每月收集的安全观察与沟通卡片进行一次评选，对很有价值的安全观察与沟通卡片观察者给予一定的物质和精神奖励。

目前中国石油的大多数企业还处在严格监督阶段，少数企业已经进入了自主管理阶段，所以，安全观察与沟通这一方法还没有具有推向全员的企业文化基础。

第四节　结果统计与应用

■ 结果收集与公示

安全观察与沟通卡片的收集与上报分为直线管理人员与专职安全管理人员两种类别。直线管理人员到被观察单位进行安全观察与沟通之后，将填写完整的安全观察与沟通卡片留在被观察单位，由其安全管理人员统一收集，定期上报给相应级别的安全管理部门进行统计分析。专职安全管理人员到属地单位进行安全观察与沟通之后，将填写完整的安全观察与沟通卡片交到属地单位的安全管理部门。

问题 28　直线管理人员的安全观察与沟通卡片填写完成后，应将卡片保留在被观察的单位，由其安全管理人员统一收集，定期上报给相应级别的安全管理部门进行统计分析。

A. 是

B. 否

重要提示 如果员工行为没有实质改变，所有管理活动都是纸上谈兵。

你作为属地主管，还可以把安全观察的结果转换为安全绩效指数（Safety Performance Index, SPI），将此结果做成展示板进行公示，让员工看到自己的安全表现，这是海外很多公司普遍采用的激励安全绩效方法。它是把不安全行为与不安全状态（UA/UC）依其严重性加以量化，比如，轻微的 1/3 分，中度的 1 分，严重的 3 分，分别乘以观察到的不安全行为与不安全状态的数目，即得总分数，再除以当月份观察到的总人数以求得不安全绩效指数。安全绩效指数是以 100 减去不安全绩效指数，如下式：

$$SPI = 100 - \frac{当月份观察到不安全行为的总分数}{当月份观察到的总人数} \times 100$$

安全绩效指数提供的信息是：人员（包括员工与承包商人员）遵守安全规定（安全规则、标准作业程序）的频率的高低；当安全绩效指数低时，表示这个工厂人员的行为有很高的频率是不遵守安全规定的，该工厂的伤害或事故频率会较高；反之，则较低。因为根据统计资料显示 96% 的伤害事故是人的不安全行为的结果。

■ 结果统计与分析

统计，顾名思义即将信息统括起来进行计算的意思，它是对数据进行定量处理的理论与技术。统计分析，常指对收集到的有关数据资料进行整理归类并进行解释的过程。

专业安全管理人员和安全管理部门负责定期收集安全观察与沟通卡片,将结果录入数据收集/分析系统中。数据系统可以是纸质的,也可以是电子版的。当然,后者较前者更有优势,因为后者同时可以对观察结果直接进行统计与分析。

对观察数据的统计、分析和总结应易于解释和便于提取数据。在统计、分析过程中,观察结果数据的真实性和一致性尤其重要,无论哪一项存在问题都有可能导致数据失效。数据统计和分析的频率是由安全部门决定的,通常为按月度、委度和年度进行。应在数据收集、统计分析的过程中加强控制,提高数据的真实性和有效性,为领导决策提供科学的依据。

目前进行的统计和分析,可以利用 HSE 信息系统、专门的分析软件和人工进行。安全观察与沟通结果的统计分析可包括:

◆ 对所有的安全观察与沟通信息和数据进行统计分析;
◆ 分析统计结果(所有行为或某一项行为)所占的比例;
◆ 分析统计结果(所有行为或某一项行为)的变化趋势;
◆ 不安全行为和事件相互关系分析,设立安全警戒线;
◆ 根据统计结果占比和变化趋势提出安全工作的改进建议。

此外,还可以利用专职安全管理人员的独立观察结果对直线管理人员安全观察统计结果进行对比分析,对直线管理人员安全观察与沟通提出改进建议。

问题 29 对安全观察与沟通结果进行统计、分析的目的和作用有哪些?〔可复选〕

A. 发现变化趋势

B. 发现薄弱环节

C. 建立预警机制

D. 提出改进建议

如何将安全观察与沟通和你的惩戒制度分开?假如一项威胁生命的行为在你的属地发生,你将怎么做?假如你发现某种形态的不安全行为频繁发生,身为一位经理、属地主管或班组长,你有责任去改善这些状况。

运用你的判断力时,应根据组织的规章制度,详细分析具体情况。假如严重的不安全行为在你的属地发生,或者是不安全行为次数正在增加,你需要针对这些问题采取对策,方法是:

- ◆ 调查这些行为,以便了解不安全行为的间接原因;
- ◆ 采取适当的行动;
- ◆ 立即通知上一级主管或其他领导。

一位经理定期审查他属下主管所观察到的安全或不安全行为的资料。在过去的四个月里,他注意到有关眼睛防护的不安全行为有增加的趋势,见表4-4。

表4-4　不安全动行为统计表

时间	人员未穿戴适当防护装备的次数
第1个月	1
第2个月	5
第3个月	6
第4个月	11

问题30　这位经理下一步应做什么?

A. 告诉他属下主管惩处所有不戴安全眼镜的员工

B. 仔细调查分析,以找出造成不良趋势的间接原因

这位经理首先和他属下主管讨论这个问题,他们讨论了发展趋势和可能的原因。随后,所有主管也和他们下属员工分析不安全行为增加的趋势。两天后,这位经理发现,新采购的安全眼镜规格不对,员工都感觉不舒服而不愿意戴安全眼镜。

问题31　这位主管下一步应做什么?

A. 和眼镜供应商讨论如何解决安全眼镜规格不对的问题

B. 鼓励员工和他们的主管讨论有关安全的问题,避免类似问题再次发生

C. 向经理汇报这个情形,以免将来发生类似问题

D. 以上皆是

在一个工厂内,安全观察与沟通训练即将结束时,一位经理正在检查这星期所收到的安全观察与沟通卡片,图4-1所示便是其中之一。

第四章 安全观察与沟通的实施

安全观察检查表		安全观察报告	
表扬 讨论 感谢 观察 沟通 启发		● 所观察的安全行为 ● 鼓励安全行为所采取的行动	
人员的反应	☐		
☐ 调整或穿戴上个人防护装备 ☐ 改变原来位置 ☐ 重新安排工作 ☐ 停止或离开作业 ☐ 装上接地线 ☑ 上锁挂牌 ☐ 其他		● 所观察的不安全行为 ● 即刻纠正的行动 ● 预防再次发生的行动	
人员的位置	☐		
☐ 被撞击 ☐ 被夹住 ☐ 高处坠落 ☐ 绊倒或滑倒 ☐ 接触极端温度的物体 ☑ 接触电流 ☐ 接触、吸入或吞食有害物质 ☐ 不合理的姿势 ☐ 接触转动设备 ☐ 搬运负荷过重 ☐ 接触振动设备		观察到我的员工未进行上锁而在工作。看到我的出现，即进行上锁。与此员工讨论未上锁而在机械设备上工作的危险。员工答应会遵守程序。	
个人防护装备	☑		
☐ 眼睛及脸部 ☐ ……			
工具和设备	☑		
☐ 不适合该作业 ☐ ……			
程序	☐		
☐ 没有建立 ☐ 不适用 ☐ 不可获取 ☐ 员工不知道或不理解 ☑ 没有遵照执行 ☐ 其他			
人体工效学	☑		
☐ 是否符合人体工效学原则 ☐ ……		观察员签名：李 ××	
整洁	☑	区域／部门：作业现场	
☐ 作业区域是否整洁有序 ☐ ……		日　　　期：2011/09/06	

图 4-1　安全观察与沟通卡片示例

问题32 这位经理应该做什么？

A. 等待看是否有与安全上锁相关的不安全行为有上升的趋势

B. 立刻和该作业现场主管讨论相关事件

问题33 当你的属地发生有威胁生命的行为，你应该_____。[可复选]

A. 等待观察发展趋势

B. 调查以了解这种不安全行为的间接原因

C. 采取适当的行动，可能包括停止安全观察与沟通，而采取处罚办法

D. 通知你的上一级主管

对严重不安全行为和不安全行为的趋势，采取适当纠正措施是非常重要的。你需要在更严重的问题发生之前，处理一些不安全行为，但不可将安全观察与沟通和处罚办法混为一谈。

■ 统计分析的注意事项

1. 要实事求是，切忌弄虚做假

要坚持实事求是，如实反映工作成绩与存在的问题，不能夸大或掩盖事实。数据要充分、可靠，分析要有理有据，用统计数据说话，以数据说明观点，以观点提炼结论；而不能先下结论，再找支持的数据，更不能报喜不报忧，要从实际出发，具体情况具体分析。分清主次，抓住主要矛盾，以求得符合客观实际的结论。

2. 选题要对路，切忌答非所问

统计分析，选题是关键，必须把握规律，看准问题，要适合领导管理者的需要，题选得对才能中领导的意，发挥的作用就大，效果就好。相反你进行分析的问题，不是管理者关心需要的问题，其效果就差，就会造成劳而无功。所以要求统计工作者要有敏感性、预见性，要善于从资料的纵向和横向比较中，发现问题，并结合本单位的实际，才能选好题。

3. 报告要适时，切忌雨后送伞

做任何工作都有一个时机问题，兵家有"兵贵神速"之说，统计工作同用兵一样，对时间的要求也是很强烈的。如果错过时机，往往事倍功半，甚至会贻误大事，给工作造成不可弥补的损失。要千方百计、争分夺秒赢得时间，提供的统计信息一定要赶在领导作决策之前、急需之时，这样的分析报告，才能派得上用场，才能发挥作用。相反，没有紧迫感，就易造成"雨后送伞"，从而降低了统计工作的作用。

4. 要纵观全局，切忌片面性

各类现象是错综复杂、互相联系的，要把事物发展过程中各个环节的内在联系结合起来进行观察，以求比较全面地揭示事物的本质和发展规律。不能单凭一点、一事而推及全部，片面地去观察、分析问题，这样往往会把事物的真相、问题的症结搞错，形成错误的结论，影响建议或改进措施的科学性和可行性，甚至导致决策的失误。

5. 要重点突出，切忌面面俱到

统计分析一定要重点突出，不能面面俱到。不能就事论事，泛泛地谈一些不触及实质的东西。要从收集的资料中，筛选出起主导作用的东西，抓住主要矛盾，解决好，其他矛盾、问题就好办了。

6. 建议要可操作性强，切忌似是而非

在统计分析中，"建议"、"措施"，是关键中的关键，真正受领导重视关注的就是这一问题。要使"建议"、"措施"做到切实可行，必须反复调查、分析、论证，尤其重要的是要紧密结合本单位的具体情况，以加大决策可行性的力度。

■ 分析结果的应用

统计分析分为统计设计、资料收集、整理汇总、统计分析、信息反馈五个阶段。如果缺少信息反馈，将降低统计分析的作用。可以确切地说，没有信息反馈，统计分析就没有意义。所以注重分析结果的运用，积极地为领导决策服务，这是统计分

析的最终目的。

安全管理部门应定期统计和分析安全观察与沟通的结果，形成月度、季度和年度安全观察与沟通分析报告，为预测安全趋势提供先导指标。针对统计分析的结果提出改进性的建议，为领导决策提供依据和参考，以便针对薄弱环节采取相应的措施。

相关单位针对安全观察与沟通报告结果，认真进行原因分析，制定具有针对性的纠正和预防措施，防止类似问题重复出现，进而减少不安全行为和不安全状态的发生。

观察数据的结果、总结的数据、数据分析报告以及任何对于行为前因、行为后果或条件的改变都要及时传达给全体员工。这种信息传递是必不可少的，这样做可以确保员工及时得知观察结果和可能发生的变化，同时将会保持继续参与安全观察的积极性。

员工如果没意识到自己的错误，就不能改正错误。我们所期望的就是通过信息交流这样简单的形式促进员工能积极地纠正他们的不安全行为。信息交流的方式应该采取那种对交流对象最适合的方法。公告板、新闻板或在会议中通知都是不错的选择。一块显眼的公告板会非常有效，因为员工每天都能看见它，因此可以不断地给予员工相关行为的反馈。

■ 几种常用的统计方法

统计分析方法以数学为基础，具有严密的结构，需要遵循特定的程序和规范。统计分析方法从现实情境中收集数据，通过次序、频数等直观、浅显的量化数字及简明的图表表现出来，从而提示和洞悉其规律。安全观察与沟通的统计分析可以按照分层级、分类别、分区域等多种方式进行，常用的统计分析方法有：统计表、饼分图、直方图、趋势图等。

使用这些方法可以实现安全观察的七种类别之间的对比和分析，或某一观察内容在不同时间段的纵向对比和分析；不同观察者之间观察结果的比较和分析；确定不同时段的安全观察的重点内容，采取有针对性的纠正措施和预防措施，实现安全观察与沟通的不断改进。

下面简要介绍几种常用的统计方法。

1. 统计表

"统计表"是统计分析图表的一种，是记录、搜集和积累数据，并进行整理和粗略分析的工具。它用于系统地收集资料和积累数据，以获取对事实的明确认识，并可用于粗略的对比和分析。

在安全观察与沟通结果的统计分析中适用于：不同单位和不同观察类列的对比分析（表4-5），以及不同时间和不同观察类列的对比分析（表4-6）。

表 4-5 不同单位和不同观察类列统计表

R \ L	人员反应	人员位置	防护装备	工具设备	程序	人体工效	整洁
单位一							
单位二							
单位三							
单位四							
……							

表 4-6 不同时间和不同观察类列统计表

R \ L	人员反应	人员位置	防护装备	工具设备	程序	人体工效	整洁
一月							
二月							
三月							
四月							
……							

2. 饼分图

"饼分图"又称"圆形图"，是用圆的扇形面积来显示总体与其组成部分的占比关系的图形，各扇形面积表示的百分比和是100%。其原理是总体与其组成部分比率关系的图示。应注意的是，如果总体的数据太少，统计后的比率关系不能反映实际状态。

在安全观察与沟通结果的统计分析中可用于某一时间段内安全观察的七种类别所占比例的对比。例如6月份不安全行为分布图见图4-2。

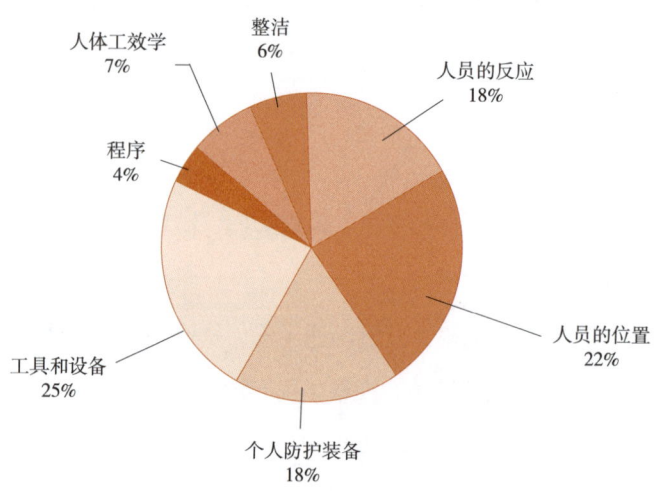

图 4-2　6 月份不安全行为分布图

3. 直方图

"直方图"是统计分析里常用的一种图表,是用一系列等宽不等高的长方形来描述数据分布形态的一种工具。它可以将杂乱无章的数据,解析出规则性,比较直观地看出数据特性的分布状态。

直方图统计方法在安全观察与沟通结果的统计分析中适用于:

◆ 某一时间段内安全观察的七大内容出现次数的对比(图 4-3);

◆ 某一时间段内专职安全人员和非专职安全人员观察到的安全行为或不安全行为次数的对比(图 4-4)。

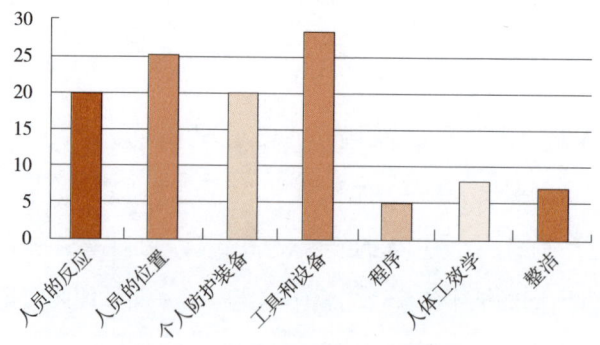

图 4-3　4 月份不安全行为分类图

第四章　安全观察与沟通的实施

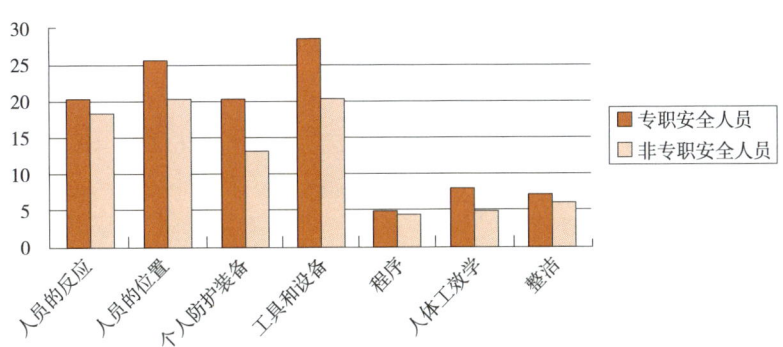

图 4-4　5 月份专职安全人员与非专职安全人员观察结果对比图

4. 趋势图

"趋势图"又称"波动图"或"折线图",常用来表示在时间序列上展示某一特性值的变化趋势。横坐标表示时间序列,纵坐标表示特性值,图中的折线表示特性随时间变化的趋势。

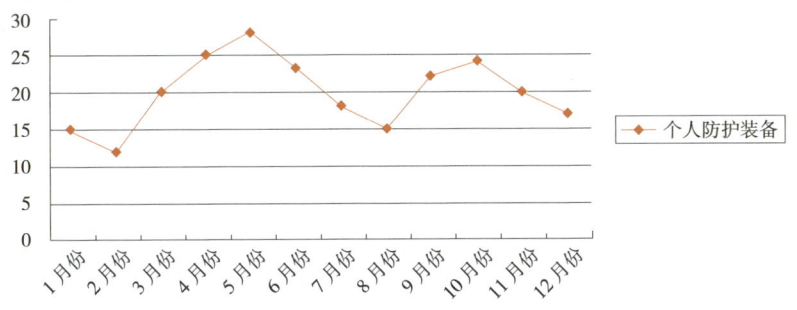

图 4-5　1 至 12 月份不安全行为趋势图

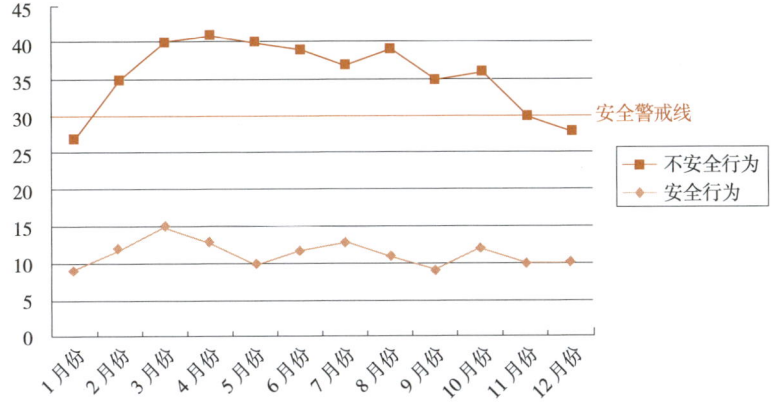

图 4-6　1 至 12 月份安全行为和不安全行为趋势图

169

趋势图统计方法在安全观察与沟通结果的统计分析中适用于：

◆ 某一项观察类别随着时间推移的变化趋势（图4-5）；

◆ 某一作业场所安全行为或不安全行为总数随时间推移的变化趋势（图4-6）。

■ 本章问题讨论

1. 某公司领导准备在全公司范围内实施安全观察与沟通，于是组织相关领导干部简要地培训了一下实施的内容和要点，编制了安全观察与沟通计划，于是各级管理者开始到现场实施安全观察与沟通。这种做法合适吗？存在哪些问题？应如何改进？

2. 通过本手册的学习，你本人有哪些方面的提高与转变？你所在的组织目前开展安全观察与沟通的情况如何？你对组织改进安全观察与沟通有什么好的意见和建议？

3. 你做为一名直线领导，打算如何改进你和你直线下属的安全观察与沟通工作？

4. 你的安全观察与沟通的结果，有没有引入统计分析，分析的结果有没有引导安全管理工作的改进？

■ 本章问题解答

问题1　A B C

问题2　立即

问题3　A B

问题4　B

问题5　B

问题6　我

问题7　B

问题8　A

问题9　A

问题10　B

问题11　B

问题12　B C

问题13　随机性、计划性，正式，记录、上报、统计和分析

问题14　干部联系点，公司的专职安全管理人员或被观察的属地单位负责人

问题15　个人独立，属地主管或安全员

问题16　定期、独立，其他管理人员

问题17　A B

问题18　D

问题19　A

问题20　A

问题21　事先策划的

问题22　D

问题23　A B C D

问题24　A

问题25　A

问题26　A

问题27　简要提示：不符合，没有求教的态度，只是单向告知没有双向沟通。没有帮助员工了解到不按照"先上洗油再用扳手扣住螺栓然后使用小铁锤敲击其慢慢松动"的操作规程，用脚蹬的话，螺栓脱落后容易造成人员闪空扭伤或坠落摔伤。对于观察到的安全行为也不予以表扬和肯定。

问题28　A

问题29　A B C D

问题30　B

问题31　D

问题32　B

问题33　B C D

第五章
有效沟通技巧的提升

随着安全观察与沟通在组织内的推行,你是否感觉到沟通是决定安全观察与沟通成败的关键。随着实践的深入,你一定也掌握和积累了一些沟通的技巧。在开始学习之前你可以先做一下本章节内的有关沟通技巧的自我测试,如果你的测试总分达到90分以上,恭喜你已经是一名非常优秀的沟通者了,本章的内容你就不需要再看了;如果总分不到80分,说明你的沟通技巧还存在提升的空间,沟通无极限!接下来你将再进一步了解相关的沟通技巧,使你成为人际沟通的大赢家。

第一节　沟通原则和态度

沟通不仅是一种技巧，更是一门艺术，艺术贵在精，精存于心。沟通，是一种能力，并不是一种本能。它不是天生具备的，而是一个需要我们后天培养的，需要我们去努力学习、努力经营的。沟通是万事的开始，是你成功的钥匙！沟通，是一个管理者最重要的管理技能之一，管理者要履行好自己的安全职责，就必须掌握良好的沟通技巧，这也将使你在工作、生活中游刃有余。

■ 沟通的原则

沟通就是信息传递与接受的行为，发送者凭借一定的渠道，将信息传递给接收者，并寻求反馈以达到相互理解的过程。沟通，是情绪的转移，是信息的传递，是感觉的互动。

名言警句 **巴纳德：管理者的最基本功能是发展与维系一个畅通的沟通管道。**

信任是沟通的基础。 沟通困难的一个重要原因就是，你和你的员工之间缺乏信任。你无论采取什么样的交流方式，都应该本着信任的态度，相信你的下属，你也会赢得下属的信任，只有这样才能实现思想和感情的有效沟通，才能采取恰当的措施，共同面对组织中的所有问题。如果缺乏信任，沟通效果就不好，难以解决问题。在你的团队中，信任的作用是无法估量的。但是，信任也是脆弱的，它需要很长时间才能建立起来，却很容易被破坏。因此，你一定要注意对信任的维护。

对于一名管理者来说，良好的沟通是一种管理能力、是一种个人魅力，也是一种生产力和影响力，最终体现为一种领导力，见图5-1。在管理界有一种说法，管理的核心是沟通，领导力的核心也是沟通。

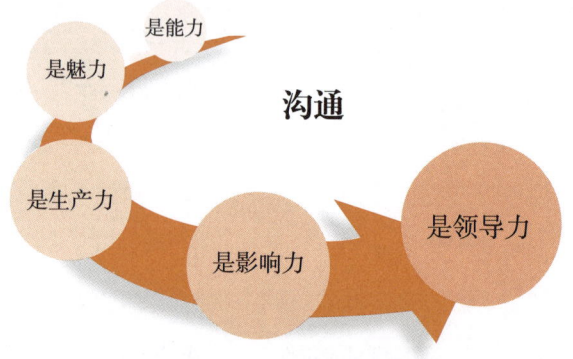

图 5-1 沟通能力的体现

沟通的目的是为了取得他人的理解与支持，在沟通过程中，行为主体的个体行为对沟通具有重大的影响。沟通过程中有三种行为：说、听、问。你应该在说、听和问三方面掌握相应的技巧、遵循一定的原则，而"**真诚、关心和尊重**"是做好安全观察与沟通的关键。

要做好安全观察与沟通中的沟通，你要遵循以下原则：

◆ 准确性原则——表达的意思要准确无误；

◆ 完整性原则——表达的内容要全面完整；

◆ 及时性原则——反馈要及时、迅速、快捷；

◆ 双向性原则——两者之间实现良性互动；

◆ 策略性原则——注意表达的态度、技巧和效果。

> **重要提示** 双赢的沟通是一种让双方都得到满足的沟通，是沟通的最高境界。

"世上最宽阔的东西是海洋，比海洋宽阔的是天空，比天空宽阔的是人的胸怀"。沟通需要人的一种境界，一种情怀。所有有效的沟通需要有豁达和宽广的胸怀，不要和别人去计较那么多，自己要有一个良好的心态去与员工沟通，人与人的沟通建立在相互信任的基础上。

◆ 沟通最基本的前提——尊重信任；

◆ 沟通最基本的问题——摆正心态；

- 沟通最基本的原理——表达关心；
- 沟通最基本的要求——真诚主动。

沟通的态度

你能够在安全观察与沟通中取得怎样的绩效，决定于你具备的能力，而能力由三个方面的因素构成，即你的"**态度、知识和技巧**"。

态度是沟通的关键。在沟通中，态度决定着一切，没有正确的态度很难表现出恰当的肢体语言，也就难以取得他人的信任。良好的态度是提升沟通效果的前提，态度不当是沟通最大的杀手。因此，首先要端正自己的态度。

在人力资源管理中有一个冰山模型，见图5-2。这个模型指出人的外在的行为表现是有基础的，那就是来自于内在的态度，包括人的价值观、对自我的概念以及情绪等都与人格特质有关，而人格特质是最难改变的一个部分。换句话说也就是，人们可以讲沟通的技巧，讲沟通的方法。但是有一点，你要是控制不住冰山底下的地方，你就无法改变上面的部分。

图 5-2 冰山模型

在沟通过程中，先要做好情绪管理，树立一个正确的态度,那就是"合作的态度"和"开放的态度"，这样才能产生共同的决定。合作态度中最重要的是"和"与"敬"，"和能成事，敬可安人"。双方都能说明各自担心的问题，双方都积极地解决存在的问题，而不是推卸或追查责任；双方共同研究解决方法；双方在沟通中，对事不对人；双方最终达成一致。

换位思考是最好的方法，不能以自我为中心，想想如果事情发生在自己身上自己怎么解决，同时要考虑到对方的性格和心态，是不是和你有相似的地方。什么都只考虑自己，那些心理自我封闭者，有过分的防卫心理者，经常会做出与他人不合作的作为来，这类人一般不会与他人沟通。

在此之前你学到更多的是安全观察与沟通的知识，本章将重点学习沟通的技巧。知识是掌握那些能够用嘴说出来或者用笔写出来的内容。而技巧是什么东西呢？是一个人在工作中所表现出来的行为和行动。更准确地说，就是一个人在工作中能够表现出来的习惯行为。当你要提高自己的能力时，首先应该学习的是技巧。

回　　顾

回想安全观察与沟通学习时期你成功提高自己绩效的经历，你用了决定业绩三方面的哪一方面？你是如何做到的？

- ◆ 态度 (Attitude)_____
- ◆ 知识 (Knowledge)_____
- ◆ 技巧 (Skill)_____

在这三个方面中，哪一种是你最常用的？
_____
_____

哪一种或哪几种是你最不经常使用的？
_____
_____

你是否能够总结出你喜欢使用的提高绩效的方式，同你的沟通技巧之间有什么联系？
_____
_____

■ 沟通的再认识

1. 沟通从废话开始

在现实生活中，人类的交流是从废话开始的。例如，北方人早晨见了面通常会问："早，吃了吗？"这句话从内容和信息上来看都是句废话，但是从情感上说是有效沟通和交流，表示我尊重你，我重视你，我体贴你，我关心你。这是一种很重要的沟通。所以我们说，沟通从废话开始。

在日常生活中还有这样一个现象，两个人关系好的时候，在一块说的全是废话，但是它能沟通增进感情。两个人只要在一块不说废话了，那么这两个人的关系一定不是很融洽。因此，你作为一名管理者一定要拿出时间与你的下属进行单独的沟通，安全观察与沟通恰恰提供了这种机会。

2. 沟通无处不在

在很多情况下没有语言的交流，但是沟通依旧存在。例如，你在平时的安全检查时对一个下属发火，其他下属在旁边看着，你并没有与这些旁观的下属有沟通，但他们接到这样的信息：这个领导脾气不好，有点不体谅人，不太尊重人。

所以，不是说你想到安全观察与沟通时你才在沟通。在某些情况下，主观上并没有打算与属下沟通，但是信息已经完成了一个传递，它同样是在沟通。通过安全观察与沟通的训练，同时要引领你改善的不仅仅是安全观察与沟通时的沟通，更重要的是你平时对下属的态度。

3. 所有沟通不良都是人际关系不良的表象

人际关系和沟通的内容是相辅相成的，良好的人际关系是沟通的前提。人际关系不好的话，沟通将变得非常复杂；人际关系好，沟通将变得非常简单。反过来，良好的沟通又可以改善人际关系，安全观察与沟通同样给了你一个改善你与下属人际关系的契机。

4. 重要的不是你说了什么，而是他听到了什么

人们在沟通中很多时候会遇到这样的问题，即你讲了一句话，自以为已经讲明白了，但对方仍然没听明白或者没听清楚。在沟通上，问题有没有讲明白，是由接收者说了算的。成功的沟通有赖于你的思想是否已经成为听众的一部分，并使听众与自己真正地融为一体。你要明白一个道理，就是在你说完这句话以后，对方会怎么理解这句话，会引发别人怎么去思考你的话，这是你的责任。

雨果曾经说："语言就是力量"。不过力量有强弱和正反之分，是强是弱，是正是反，

取决于说话的技巧。会说话的人善用技巧，懂得从听话者的角度出发，把道理说得清楚明了，让别人乐于接受。

5. 重要的不是你说了什么，而是他看到了什么

在领导力当中有这样一个观点，如果你是领导人的话，你带领一个团队三年，那么这个团队所有的问题，都是你的问题，因为他们模仿你。沟通的关键不在于你说什么，而在于你做了什么，在于你说的和做的是否一致，这也是有感领导的体现。

名言警句　《论语》：君子欲讷于言而敏于行。

总之，如果你的言行是完全一致的，那么你的沟通就变得非常简单，你的影响也会非常大。一致性的言行在人的沟通当中具有很大的力量。所以说，在沟通中做比说的作用要大得多。

6. 重要的不是你说了什么，而是你听到了什么

倾听是一种礼貌，是尊重说话者的一种表现，也是对说话者最好的恭维。沟通过程中最好的方法是听，倾听能让你了解你的下属想要什么，什么能够让他们感到满足，什么会伤害他们。有时，即使你不能及时提供对方所需要的，只要乐于倾听，不伤害他们，也能实现无障碍地沟通、创造性地解决问题。

■ 你的沟通技能测试

通过以前的安全观察与沟通训练你是否已经养成了良好的沟通习惯，通过测试"沟通"技能表单测试项目，进行一下自我测试吧。你可以用这次的分数和你在安全观察与沟通刚开始时的第一次自我评估的分数相比较。

自我测试

根据实际情况，有四个选项由你选择：A. 总是；B. 经常；C. 偶尔；D. 很少；E. 从未。

（1）不会轻易打断别人的说话。　　　　　　　　　　　　　（　　）

（2）不会经常改变话题。　　　　　　　　　　　　　　　　（　　）

（3）可以抑制住个人的偏见。（　）

（4）可以站在对方的立场上理解对方。（　）

（5）评论被观察者所发表的意见。（　）

（6）不仅只注意听事实，也注意讲话人的感情。（　）

（7）在对方还在说话时先不想如何进行回答。（　）

（8）不使用情绪化的言辞。（　）

（9）不猜想，不急于下结论，不过早地评价。（　）

（10）要求对方阐明不明确之处。（　）

（11）不只是选择想听的内容。（　）

（12）不会双眉紧蹙，不会显得缺乏耐心。（　）

（13）精力不够，不会一心二用，不会思想开小差。（　）

（14）会利用眼神交流。（　）

（15）说话不会模棱两可。（　）

（16）神情饱满，姿势不僵硬。（　）

（17）不会不停地抬腕看表等。（　）

（18）心态平和，态度谦和。（　）

（19）思想不僵硬，懂得变通。（　）

（20）不会先入为主。（　）

对每一个问题评分你的答案，A——5分，B——4分，C——3分，D——2分，E——1分。根据你的选项，将20个问题的分数相加，从而得到你的总分。将你的总分与表5-1相互比较。

表5-1　得分及其代表的意义

你的总分	代表的意义
90~100	你是一个优秀的沟通者
80~89	你是一个很好的沟通者
65~79	你是一个勇于改进、尚算良好的沟通者
50~64	在有效沟通方面，你确实需要再训练
50分以下	你的沟通能力就需要努力加强了

第二节 有效沟通的技巧

沟通是为设定的目标将信息、思想和情感在个人或群体间传递，并达成共识的过程。有效沟通三要素：**有清晰的沟通目的**；**达成共识，使对方理解并接受**；**及时把信息在群体间传递**。沟通是使组织成为一个充满活力和生机的有机体的凝聚剂；是管理者实现领导职能体现有感领导的基本途径。有证据显示，通过有效训练，可以有效地改善面对面的沟通技巧，提升你的人际魅力。

■ 如何有效沟通

对安全观察与沟通的误解就造成了沟通的困难和障碍，我们在实际工作过程中，观察者的态度、知识和技巧，被观察者的态度、知识和技能，沟通的方式方法，都是影响沟通的因素。对更多的管理者来说，除了有一个开放的态度外，需要的不仅仅是知识，更多的是技巧。

> **名言警句** 卡耐基：将自己的热忱与经验融入谈话中，是打动人的速简方法，也是必然要件。

知识是通过系统的教育，掌握那些能够用嘴说出来或者用笔写出来的内容。而技巧是什么东西呢？是一个人在工作中所表现出来的行为和行动。更准确地说，就是一个人在工作中能够表现出来的习惯行为。对于我们很多人来说，从小接受的教育，一直到参加工作，接受的大都是知识的教育，而对于技巧的教育却非常缺乏。技巧就是运用知识的能力，这将是你学习的一个重点。当你要提高自己的能力时，

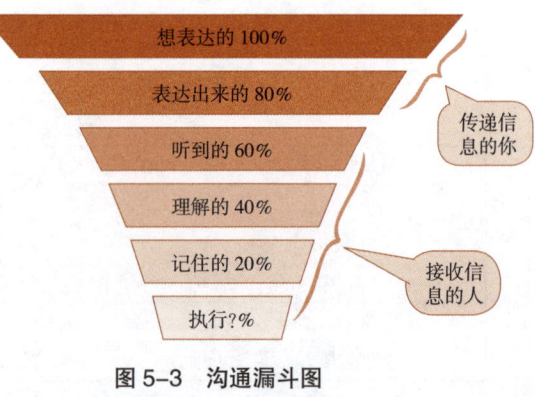

图 5-3 沟通漏斗图

首先应该学习的是技巧。在沟通中你要做的就是通过技巧训练克服沟通过程中漏斗式信息递减，如图 5-3 所示。

首先，来了解一下有效沟通的八个基本小技巧：

- ◆ 尊重对方并表达你的真诚；
- ◆ 认真倾听别人的谈话，听懂别人的想法；
- ◆ 记住别人的名字、职务或岗位；
- ◆ 面带微笑；
- ◆ 把赞美当成一种习惯；
- ◆ 心平气和，避免不必要的争论；
- ◆ 留心自己和对方的身体语言；
- ◆ 能变通，求同存异，达成共识，解决事情的方案绝对不止一个。

重要提示 有效沟通的技巧就是十六个字：以善待人，以情感人，以理服人，以利动人。

记住，你是安全观察沟通结果的责任者，沟通是从废话开始，所有沟通不良，都是人际关系不良的表象。重要的不是你说了什么，而是人们听到了什么；重要的不是你说了什么，而是人们看到了什么；重要的不是你说了什么，而是你听到了什么。学会从对方的角度去思考问题，是沟通成功的第一步！

名言警句 卡耐基：沟通的最高境界是，"说要说到别人很愿意听，听要听到别人很愿意说！"

现在你知道借助于沟通鼓励员工安全作业的行为和消除不安全的行为，可以达到优良的安全绩效。下面将帮助你了解进行沟通的技巧：如何更好地通过语言和运用肢体语言进行沟通。注意恰当的表达方式，不同方式传递信息量的比重是不同的，你在说什么（占 7%）；你是怎么说的（占 38%）；你的肢体语言带给对方的感受（占 55%），可见"相随心生，口乃心之门户"。所以从某种意义上讲：**说什么重要，怎么说更重要，而对方是什么感受最重要**。

重要提示 语言分三种：文字语言，有声语言，肢体语言。文字语言传达信息，有声语言传达感觉，肢体语言传达态度。

下面我们先看一下，语言沟通和肢体语言沟通的不同之处是什么？语言是人类特有的一种非常好的、有效的沟通方式。在沟通过程中，文字语言沟通最擅长于传递的是信息，肢体语言更善于沟通的是人与人之间的思想和情感。

问题 1 在沟通的过程中，信息主要是通过_____沟通，思想和情感主要是由_____来沟通。

沟通不是单向的传递，而是一个双向的过程。发送者把他想要表达的信息、思想和情感，通过语言发送给接收者。当接收者接收到信息、思想和感情之后，会以各种方式给对方一个反馈，这就形成一个完整的双向沟通过程。只有信息的发送，没有信息的接收，沟通不完整。同样，只有信息的发送，没有信息的反馈，也无法实现有效的沟通。

反馈是沟通过程中最后的步骤，也是至关重要的一个步骤。反馈可以加强发送者和接收者之间的心理沟通，提高员工参与管理的积极性，同时也可以提高针对性，减少发送者的盲目性。重视反馈将引领企业走向成功。很多时候，领导者们花费大量时间精心制作信息，而不能停下来听一听员工对其有什么意见。他们没有意识到：反馈对沟通过程是至关重要的。

我们在传统的安全管理工作中，常把单向的告知当成了沟通。你与员工的沟通过程中是否也是一方在说而另一方在听？这样的效果非常不好，换句话说，只有双向的才叫做沟通，任何单向的都不叫沟通。因此沟通的另外一个非常重要的特征是：**沟通一定是一个双向信息传递和反馈的过程。**

要形成一个双向的沟通，必须包含三个行为："说"、"听"、"问"。换句话说，一个有效的沟通技巧就是由这三种行为组成的。考核一个人是否具备沟通技巧的时候，看他这三种行为是否都出现，并且这三者之间的比例要协调，如果具备了这些，将是一个良好的沟通。

问题 2 我们每一个人在进行沟通的时候，一定要养成一个良好的沟通技巧习惯：_____三种行为都要出现，并且比例协调。

反馈有两种：一种是正面的反馈，另一种叫做建设性的反馈。正面的反馈就是对对方做的好的事情予以表扬，希望好的行为再次出现。建设性的反馈就是在对方做的不足的地方提出改进的建议。请注意，建设性反馈是一种建议，而不是批评，这是非常重要的。

在反馈的过程中，我们一定要注意有的情况不是反馈：

◆ 指出对方做的正确或者错误的地方。这仅仅是一种主观认识，反馈你的表扬或者建议，是为了使他做得更好。

◆ 对于他的言行的解释，也不是反馈。这是对倾听内容的复述。

◆ 对于将来的建议。反馈是着眼于目前或者近期的，而不是将来。

此外，还要克服自己的偏见，避免先入为主。比如你看到某个员工总感觉不顺眼，你要冷静思考，这是为什么？偏见使人囿于自己的一孔之见，偏见使人带着有色眼镜去看问题，偏见使人故步自封，拒绝接受新事物，使人难于得出正确的判断和结论。总之，被偏见缠身的人是很难与他人沟通的。

说话的技巧

爱因斯坦："语言不是为了给现有的东西贴上标签，它就像是雕刻家手中的凿子：将思想、想法从外面混沌的世界里释放出来"。要让对方确定你真正了解沟通的内容，才算达到了沟通的目的。一次成功的沟通要态度诚恳，语带亲切，有利于建立融洽关系，消除心理障碍，有助于争取员工的合作。经验也告诉我们：工作时最好用简单的语言、易懂的言词来传达信息，长话短话，少说大话。而且对于说话的方式、时机要有所掌握，有时过分的修饰反而达不到想要完成的目的。

重要提示 说话的基本原则：简短（Keep It Short & Simple），即 KISS 原则。要少说，要多听。

说话者沟通的主要障碍在于：用词错误，辞不达意；咬文嚼字，过于啰嗦；不善言辞，口齿不清；只要别人听自己的；对听者反应不灵敏等。听者沟通的主要障碍在于：先入为主（第一印象）；听不清楚；选择性地倾听；偏见（刻板印象）；光环效应；情绪不佳；没有注意言外之意等。

> **名言警句** 梁实秋：谈话，和作文一样，有主题，有腹稿，有层次，有头尾，不可语无伦次。

口头沟通能力的好坏，决定了你工作、社交和个人生活的品质和效益。要运用巧妙的导入策略和诱导技巧，围绕主题，突出重点，叙述清楚。从对方的利益角度出发，转化成对方的需求，要让别人乐意去做你所建议的事。说话的"三明治"结构：

◆ 开场——引起对方的注意和兴趣，告诉对方你将说些什么；

◆ 主体——具体告诉人们，让对方了解话中的意思；

◆ 结论——告诉人们你刚才说了些什么，从而令其产生行动的意识。

想要表达得好，最有效的方法，就是在开口前，先把话想好。在具体交谈时，首先把要表达的资料过滤，浓缩成几个要点，然后一次表达一个要点，讲完一个再讲第二个。使用双方都能了解的特定用语，要长话短说，要简明、中庸。最后要确定对方了解你真正的意思。为了使你的话更有说服力，可以举出具体的实例、数据，必要的时候还可以亲自示范给他看。

在谈话时，你应自始至终保持礼貌、友善的态度。用若无其事的方式教导别人，提醒他不知道的事情好像是他忘记的。如果有人说了一句你认为错误的话，除了说"不要这样做、你这样想不对"，你还可以选择说：

◆ "是这样的！我倒另有一种想法，但也许不对……"

◆ "也许我们把这句话改成这样，会比较好一点。"

◆ "你认为这样做可以吗？……"

在与员工沟通时，倘若你发现是自己错了，要迅速大方地承认自己的错误，不要死不承认或试图掩盖。

◆ "这一点是我错了，我事先没弄清楚。"

◆ "你是对的，我了解我错误之处了。"

◆ "这样说是有道理的，我应该……"

◆ "谢谢你的指正。"

> **重要提示** 一个合格的沟通者首先是一个优秀的引导者,你无法教别人任何东西,你只能帮助别人发现一些东西。

有时也要注意自己的谈话要预留余地,具有弹性,别将对方逼到死角。不防采用引导式的谈话方式,启发员工思考,一起共同探讨。

- "或许,我们可以试试别的办法?"
- "这是否是唯一的方法呢?"
- "倘若采用别的途径又如何呢?"
- "可否我们从这个角度来看?下一次,我们可否采用……"

做一个弹性的沟通者

富兰克林:"寻找推动任何可能引起争论的事情时,我总是以最温和的方式表达自己的观点,从来不使用绝对确定或不容许怀疑的字眼,而代之以下列说法:

——据我了解,事情是这样子;

——如果我没有记错,我想事情是这样;

——我猜想事情是不是该这样;

——就我看来,事情是不是该如此。

像这样对自己看法没多大把握的表达习惯,多年来使我推动许多棘手的问题一帆风顺。"

同时,还要注意自己的措词,不讲带情绪化的话,多讲就事论事的话;不讲讥笑的话,多讲赞美的话;少讲批评的话,多讲鼓励的话;少讲模棱两可的话,多讲语意明确的话;不讲破坏性的话,多讲建议性的话。同时,避免说些负面刺伤别人的口头禅,多说些正面赞美别人的口头禅。例如:

- "你好厉害哦!"
- "哇!太棒了!"
- "你真是不简单!"

- "哇！你真行！"
- "你很有想法！"

但当员工谈话吞吞吐吐，欲言又止，或情绪紧张有顾虑时，你应及时插话开导。当员工的想法不正确、存在误解或答非所问，你应和善地加以引导。无论何种情况，你插话时都应客气有礼，而不能粗暴地打断对方的谈话，也不能有不耐烦的语气和态度，应以平等、耐心、谦和的态度适当地表示积极的反馈。

> **重要提示** 记住，"亲和力"永远比智慧和绝对真理的表述更重要。

问题3 当员工谈话吞吞吐吐，欲言又止，有顾虑时，应及时_____。当员工的想法不正确、存在误解或答非所问时，你应和善地加以_____。

值得注意的是：复述也是一种很重要的沟通技巧。用说明的语句重述说话者刚谈过的话，这种方式可以让员工感觉到你在认真地倾听，而且听懂了他所说的话的意义。在心里回顾一下对方的话，并整理其中的重点，也是个不错的技巧。

- "你的意思是不是说……"
- "换句话说，就是……"
- "你刚刚说的……观点都很不错，值得借鉴……"
- "这是不是关于……"

复述引导即为复述和附加问题这两种手段结合起来使用，你就可以将谈话内容引导到你想要获得更多信息的某个具体方面。

- "听起来你的意思好象是……"
- "所以你的建议是……"
- "你似乎觉得……"
- "我对你刚才这番话的理解是……"
- "为了让我更容易了解，请你用另一种方式告诉我，好吗？"

> **名言警句** 温·卡维林：推心置腹的谈话就是心灵的展示。

对情感的复述，对员工的观点给予认同，可让员工的情感得到认同，拉近、融洽与员工之间的关系。也可以用关爱式关怀语气引导，表示关心。

◆ "你说的有道理。"
◆ "我理解你的想法、感受。"
◆ "没错！这的确令人懊恼，让我们来想想办法。"
◆ "没错！真是让人气愤，但我（们）可以……"
◆ "你有足够的理由对这事不关心，不过，从另一方来看……"
◆ "详细告诉我一切吧！我们可能找出途径来解决呢？"

在适当的时机，特定的语境，你可以运用一点小幽默，幽默用语是沟通的调节剂、润滑剂、催化剂。因为幽默可以使人发笑：

◆ 笑可以鼓舞团队士气；
◆ 笑可以提高工作效率；
◆ 笑可以加速问题的解决；
◆ 笑可以缓解压力与紧张；
◆ 笑可以克服消极心理。

将"但是"换成"也"

如果你对你的下属说："你说的很有道理，但是……"好象你对他进行了肯定和表扬，但是他还会认为，你其实是说他说的没道理。

如果你能把"但是"换成"也"，这么说："您说的有道理，我这里也有一个很好的主意，不妨我们再议一议，如何？"你这么说表明你能站在对方的立场看问题，易达成一致，为自己的看法另开一条不会遭到抗拒的途径。

类似的表达还有：

"我感谢你的意见，同时也……"
"我尊重你的看法，同时也……"
"我同意你的观点，同时也……"
"我明白你的意图，同时也……"

下面你将进一步了解到收集信息的两个重要方法：倾听和发问。

■ 倾听的技巧

上天赋予我们一根舌头，却给了我们一对耳朵，所以，我们听到的话可能是我们说的话的两倍。倾听是首要的沟通技巧，让倾听成为一种习惯。倾听是取得智慧的第一步，有智慧的人都是先听再说。倾听应占 50% 的时间，提问占 25%，说占 25%，往往是听和问的人在主导谈话并达成目标。

 克林顿：倾听——用你的双耳来说服他人。

根据倾听程度的不同，我们可以将倾听分为五个层次，见图 5-4。

图 5-4 倾听的五个层次

第一层：听而不闻。就是不做任何努力地去听。你不妨回忆一下，在平时工作中，什么时候会发生听而不闻的情况？你的眼神没有和他交流，你可能会左顾右盼，你的身体也可能会倒向一边。听而不闻，注定不可能有一个好的沟通结果。

第二层：假装在听。就是要做出聆听的样子让对方看到，当然假装聆听也没有用心在听。在工作中常有假装聆听的现象发生，例如，你和员工之间交谈的时候，员工有另外一种想法，出于礼貌他在假装聆听，其实他根本没有听进去。你的员工惧怕你的权力，所以做出聆听的样子，实际上没有在听。

第三层：选择性地听。选择性聆听，就是只听一部分内容，倾向于聆听所期望或想听到的内容，这也不是一个好的聆听。

名言警句 卡耐基：如果希望成为一个善于谈话的人，那就先做一个致意倾听的人。

第四层：专注地听。专注的聆听就是认真地听讲话的内容，同时与自己的亲身经历做比较。

第五层：设身处地地听。不仅是听，而且努力在理解讲话者所说的内容，所以用心和脑，站在对方的利益上去听，去理解他，这才是真正的、设身处地的聆听。设身处地的聆听是你必须要学会的。这是为了理解对方，应多从对方的角度着想：他为什么要这么说？他这么说是为了表达什么样的信息、思想和情感？

自我测试

"倾听"技能测试

你以前在进行安全观察与沟通时是否有良好的倾听习惯，先做一下后面的小测试。根据实际情况，有四个选项由你先择：A. 总是；B. 经常；C. 偶尔；D. 很少；E. 从未。

（1）当我听时，我能完全控制自己的身体，保持不动。（　　）

（2）欣赏时，我很容易笑和显示出活泼的表情。（　　）

（3）我关心的是讲话者在说什么，而不是担心我如何看待这个问题或者自己的感受如何。（　　）

（4）没有表现出不安。（　　）

（5）你没听清时，是否直截了当地问？（　　）

（6）你是否会目中无人或心不在焉？（　　）

（7）你是否注视听话者？（　　）

（8）你是否忽略了足以使你分心的事物？（　　）

（9）你是否微笑、点头以及使用不同的方法鼓励他人说话？（　　）

（10）你是否深入考虑说话者所说的话？（　　）

(11) 你是否试着指出说话者所表达的意思？　　　　　　　　　　（　）

(12) 你是否试着指出他为何说那些话？　　　　　　　　　　　　（　）

(13) 你是否让说话者说完他（她）的话？　　　　　　　　　　　（　）

(14) 当说话者在犹豫时，你是否鼓励他继续说下去？　　　　　　（　）

(15) 你是否重述他的话，弄清楚后再发问？　　　　　　　　　　（　）

(16) 在说话者讲完之前，你是否避免批评他？　　　　　　　　　（　）

(17) 无论说话者的态度与用词如何，你都注意听吗？　　　　　　（　）

(18) 若你预先知道说话者要说什么，你也注意听吗？　　　　　　（　）

(19) 你是否询问说话者有关他所用字词的意思？　　　　　　　　（　）

(20) 为了请他更完整地解释他所要表达的意见，你是否会询问？　（　）

对每一个问题评分你的答案，A——5分，B——4分，C——3分，D——2分，E——1分。根据你的选项，将20个问题的分数相加，而得到你的总分。将你的总分与表5-2相互比较。

表5-2　得分及其代表的意义

你的总分	代表的意义
90~100	你是一个优秀的倾听者
80~89	你是一个很好的倾听者
65~79	你是一个勇于改进、尚算良好的倾听者
50~64	在有效倾听方面，你确实需要再训练
50分以下	你注意倾听了吗

学会倾听并进行积极的反馈是成功沟通的关键。与员工进行交谈，是双向的沟通，而不是单方的"告知"。因此，你需要学会倾听，以谦和的心态听取员工的想法和意见等。倾听时应注意如下几个方面：

◆ 遵循2∶8原则，少讲多听，专注、认真地听；

◆ 倾听要用心去听，要有耐心、专心、用心、欢喜心；

◆ 忘掉自己的立场和见解，保持开放的姿态，多问开放式的问题；

- ◆ 排除干扰，集中精力，积极投入，不要走神或心不在焉；
- ◆ 不要轻意打断对方的回答，多鼓励讲话者；
- ◆ 对听到的信息要进行必要的确认；
- ◆ 在听的过程中注意引导对方多说你所关心的问题；
- ◆ 克服自身偏见和情绪，以平等、真诚的态度交谈；
- ◆ 保持耐心，控制情绪，不要急于判断；
- ◆ 允许别人有不同的观点（求同存异）；
- ◆ 设身处地地对待对方，多站在对方的角度看问题；
- ◆ 适当地表示积极的正面回应和反馈，点头、微笑、赞许；
- ◆ 注意对方的非语言因素；
- ◆ 收集并记住对方的观点，不要演绎。

问题4　请判断下面的情况哪些不是积极倾听行为的：_____。

A. 当别人在讲话时，你在想自己的事情

B. 一边听一边与自己的观点对比，进行评论

C. 注意非语言暗示

D. 该沉默时必须沉默

E. 留适当的时间用于辩论

F. 当你发觉遗漏时，直截了当地问

G. 不看着对方，东张西望

H. 始终没有回应

I. 中途接待他人，或接电话

J. 插话打断

我们倾听的目的是为了理解而不是评论。当你处于这样的情况时，就不可能听到准确的信息。那么积极的倾听技巧还有哪些呢？

 良好的倾听就解决了问题的一半。

倾听不仅要用你的耳朵，还要用你的眼睛。耳朵倾听的是一些信息，而眼睛看到的却是传达给你的丰富的情感和思想。保持目光交流，并且适当地点头示意，表示认同和鼓励，表现出倾听的兴趣。在听的过程中，也可以身体略微向前倾斜而不是后仰，这种姿势表示：我愿意去听，也努力在听。当你没有听清楚的时候，要及时提问。同时对方也会发送更多的信息给你。积极的行动包括频繁点头，鼓励对方去说。当你在听别人说话的时候，一定要有一些回应动作，如，"好"、"不错！"。

在听的过程中适当点头或者采用其他的一些表示你理解的肢体语言，也是一种积极的倾听，也会给对方非常好的鼓励。在听完了一段话的时候，要简单地重复一下内容。其实这不是简单的重复，而是表示你认真听了，还可以向对方确认你所接受到的信息是否准确。在听的过程中，要善于将对方的话进行归纳总结，更好的理解对方的意图。要养成一个好的习惯，要及时给对方以回应，表达感受，比如说："非常好，我也是这样认为的"。这是一个非常重要的倾听技巧。

问题5 倾听是一种能够加以开发的技能。你以为可以改善倾听的方法有哪些_____。

  A. 自己不要说话

  B. 让谈话者无拘束

  C. 向讲话者显示你是要倾听他的讲话

  D. 克服心不在焉的现象

  E. 以设身处地的同情态度对待谈话者

  F. 要有耐心

  G. 与人争辩或批评他人时要平和宽容

  H. 提出问题

假设你在观察一位实验室化验员进行分析试验，他正在安全地工作。你停下来和这位化验员沟通，鼓励他继续保持这种良好的工作方式。

问题 6　你将问这位化验员什么样的问题?

A. 你有任何建议，如何能使这项工作做得更安全呢？

B. 你确信你正安全的工作吗？

假如你询问化验员有没有更加安全的工作方式时，他回答："我们使用的新试剂在加热时有一种强烈的臭味，我们可以安装排烟罩或使用风扇吗？我想这样能减少臭味，我检查过安全技术说明书，这种蒸气不具毒性的。"

> **名言警句**　霍布斯：倾听对方的任何一种意见或议论就是尊重，因为这说明我们认为对方有卓见，反之，走开或乱扯就是轻视。

现在你有责任针对化验员所讲的话采取进一步的追踪行动，你需要去研究调查新的排气系统，或让他了解你针对他的建议所采取的其他措施。如果做不到就要明确地拒绝，并具体说明不能做的理由，拒绝时表明歉意，说明能力范围。无论如何也没法接受时，在拒绝前要提供一些代替方案。

问题 7　一旦化验员提出合理化建议，你需要_____。

A. 不做什么，只问建议就已经足够了

B. 采取行动，并告知操作员你正在采取的措施

你不需要去执行每位员工的建议，但你的确需要分析这些建议的可行性或者提出替代方案。当然，针对建议采取行动时，你需要利用你的判断力。

很大程度上，反馈的出现才意味着有效安全观察与沟通的开始。沟通的反馈应针对对方需求，反馈应当明确具体，尽量多一些正面的、有建设性的反馈，而非简单否定，反馈时要把握时机，反馈建议集中在对方实际可以改变的行为，对事不对人，考虑对方接受程度，确保理解。

■ 询问的技巧

询问或提问是非常重要的沟通行为，可以控制你沟通的方向，把握谈话的重点，进而实现谈话的目的。

> **小故事——两种不同的结果**
>
> 甲乙两个信徒都很爱抽烟!一天祷告时,甲问神父:
>
> "我祷告时可以抽烟吗?"
>
> 神父生气地说:"绝不可以!"
>
> 乙问神父:"我抽烟时可以祷告吗?"
>
> 神父和蔼地说:"当然可以!"

提问不在于多,而在于善问;提问是有目的的;拥有好的提问技巧与方式,你可以实现你的目的。通过提问可以实现以下目的:

◆ 建立人际关系:

(1) 打招呼;

(2) 引入话题。

◆ 搜集信息:

(1) 询问事实;

(2) 咨询意见。

◆ 引导对方:

(1) 让对方思考;

(2) 提醒对方注意。

◆ 打动对方:

(1) 让对方感同身受;

(2) 让双方达成共识。

名言警句 《学记》:善问者如攻坚木,先其易者,后其节目,及其久也,相说(同'悦')以解。

可以说,"提问"是沟通过程中最尖锐的利器。提问时应考虑:问什么、怎样问,根据交谈对象、内容和目的的不同,采取不同的提问方式。

> **著名的"七加一法则"**
>
> 如果你通过提问引导对方,使对方一直说:是的,我赞成,我了解,我同意及类似的肯定语句。如果你让他连续同意了七次,通常在第八次问他时,他就会习惯性地同意。

要掌握提问的技巧,必须明确区分问题的两种主要类型:开放式问题和封闭式问题,两种问题优劣比较见表5-3。

表5-3 两种类型问题的优劣比较

类型	开放式问题	封闭式问题
定义	可以让讲话者提供充分的信息和细节	可以用一个词来回答的,如"是"或"不是"
优势	收集信息全面,谈话气氛轻松,提供一个强迫性思考的情景	寻求事实,简洁明了,节省时间,带有引导性。利于控制谈话的方向
特点	利于收集信息,没有确定答案,时间较长,回答难度较大	澄清问题,梳理思路,控制方向,答案范围确定,避免漫无目的,避免罗嗦
风险	浪费时间,容易偏离方向,可能会使员工无所适从,倍感困惑或无力	信息有限,不能充分了解细节,气氛紧张,易产生被盘问的感觉
举例	说说你解决这个问题的方法;你觉得这样做可能会受到什么样的伤害	你接受过这方面的培训吗;你知道这样做的危害吗

开放式和封闭式两种问题可灵活运用,通常都是先提一个开放式的问题,有什么需要我帮忙的吗?然后马上转入封闭式的问题,两种提问的技巧交互使用,迅速判断出问题所在。

举出你的问题

你认为开放式问题和封闭式问题的区别是什么?请列举出你在进行安全观察与沟通过程中采用的开放式问题和封闭式问题。

_____
_____
_____

> **名言警句** 爱因斯坦：提出一个问题往往比解决一个问题更重要。

在实际工作中，通常会把开放式和封闭式问题结合起来使用，两者结合成为第三种提问方式：请教式问题。它是以请教的口吻提出问题，有明确的方向，要求员工给予明确的解释，显得像请教而不像提问。这种可以营造良好、亲和的谈话气氛，可以轻松地澄清问题，引起关注。以下问题便是很好的例子：

- "你的意思是……"
- "你刚才说的是……"
- "这样操作会有什么风险呢？"
- "我刚才说的你有什么看法吗？"
- "对刚才的问题，你有什么好的改进建议吗？"

要克服如下几个不利于收集信息的提问：

- 少问为什么。尽量少问为什么，可以用其他的话来代替，如你能不能说得更详细些？这样对方的感受会更好一些。
- 少问带引导性的问题。如难道你认为这样不对吗？这样的问题会给对方留下不好的印象，也不利于收集信息。
- 多重问题。就是一口气问了很多问题，对方不知道如何去回答，这也同样不利于收集信息。

利用五个反问句，可收集更为充分完整的信息：

- "你认为如何？"
- "你觉得怎么样？"
- "能不能请教你一个问题？"
- "你知道为什么吗？"
- "不晓得……"

复述并提问确认，可以检验你的理解是否正确。这类问题前面是陈述，后面是澄清性的提问，如：

- "你刚才说的是这个意思吗？"

- "我可以……理解你刚才说的话吗？"
- "我们按照……去做可以吗？"

运用肢体语言

人际沟通仅有7%是经由词语来进行的，38%取决于声音语调，55%是丰富的肢体语言，这是沟通的梅拉宾法则，见图5-5。肢体语言，是指经由身体各种动作代替语言借以达到表情达意的沟通目的。肢体语言的内容非常丰富，包括动作、表情、眼神和身体距离。实际上，在我们的声音里也包含着非常丰富的肢体语言。我们在说每一句话的时候，用什么样的音色去说，用什么样的抑扬顿挫去说等，这都是肢体语言的一部分。

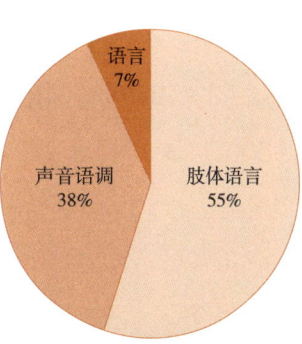

图5-5 沟通的梅拉宾法则

声音语调和语气的神奇

同样的一句话，你试用不同的声音语调会发现具有很大的区别，同样的文字不同的语调表达不同的意思。

- **我**没说他偷了客户的钱！
- 我**没**说他偷了客户的钱！
- 我没**说**他偷了客户的钱！
- 我没说**他**偷了客户的钱！
- 我没说他**偷**了客户的钱！
- 我没说他偷了**客户**的钱！
- 我没说他偷了客户的**钱**！

同样的文字，不同的语气也可以表达不同的意思。

- **你真坏！**（无奈、玩笑、撒娇、痛恨）
- **你说呢！**（疑问、取笑、生气、关心）
- **我理解你！**（同情、不耐烦、嘲讽、口是心非）

身体语言更能表达我们内心的真实想法。

人人都具有运用身体语言沟通的能力，身体语言具有简约沟通的特殊功能。身体语言有私密特征，在特定情境中具有别人难以理解的特殊含义。语言沟通是间断的，身体语言的沟通是一个不停息、不间断的过程。

学习用声音作为你沟通的利器，一个人说话的声音、语调和他的面貌表情一样重要。最受欢迎的声音、语调是：带着微笑的脸说话，声音中带着笑意，声音中带着诚恳的感情。研究指出：透过电话沟通，你说话的声调、抑扬顿挫、共鸣感，决定了你谈话内容可信度的84%。"放松、呼吸、发声、共鸣"是形成声音表情的四个因素。沟通时完美的声音取决于八大原则，见图5-6。

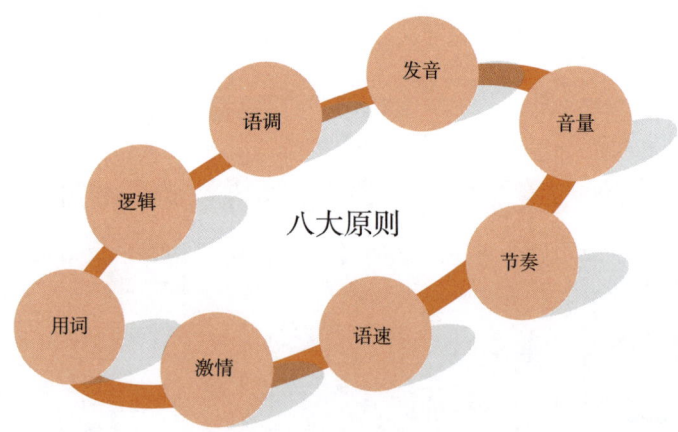

图5-6 完美声音的八大原则

洞察肢体语言，可以让你更好地理解他人的情绪、态度和观点。反过来，为了更好地传情达意，获得更多的理解与支持，你也应该善于运用肢体语言。肢体语言的正确使用，都会助口头语言一臂之力，帮助对方理解你所表达的意思，让对方做出你希望的反应。例如，安全观察与沟通中，你若能热情洋溢地表达自己的观点，同时真诚地表扬，面带微笑、仔细倾听，与其目光接触，势必使你的沟通锦上添花、事半功倍！

管理大师德鲁克：人无法只靠一句话来沟通，总是得靠整个人来沟通。

沟通从"心"开始，沟通最忌讳的，就是一脸死相。用心的沟通要做到下列"五通"：

不仅要"耳通",更要做到"口通"(声调)、"手通"(用肢体表达)、"眼通"(目光接触)、"心通"(用心体会)。当我们能用心去沟通时,自然可以给予对方心理上的极大满足与温馨,这时你才能集中心力去解决问题或发挥影响力。

肢体语言的 SOFTEN 原则

S——微笑 (Smile);

O——准备注意倾听的姿态 (Open Posture);

F——身体前倾 (Foroard Lean);

T——音调 (Tone);

E——目光交流 (Eye Commrnication);

N——点头 (Nod)。

表 5-4 给出了肢体语言的沟通渠道。肢体语言是与员工进行沟通与交流时的重要工具,因为在你未开口说话前,你的姿势就已经能清楚地表现出你的想法,也同时可以显示你对别人的态度。所以如果你是严肃式的封闭态度,员工很自然地会特别在意你的一举一动,就会不愿意敞开心胸说出真实的情况;但是如果你是谦和式的开放态度,那就表示你愿意了解员工的想法,他就会因此受到鼓舞,而畅所欲言。

表 5-4 肢体语言的沟通渠道

肢体语言表述	行为含义
手势	柔和的手势表示友好、商量,强硬的手势则意味着我是对的,你必须听我的
表情	微笑表示友善礼貌,皱眉表示怀疑和不满意
眼神	盯着看意味着不礼貌,但也可能表示兴趣,寻求支持
姿态	双臂环抱表示防御,开会时独坐一隅意味着傲慢或不感兴趣
距离	太近有压迫感,太远则感觉不被重视
声音	演说时抑扬顿挫表明热情,突然停顿是为了造成悬念,吸引注意力
穿着	得体的穿着,表达对对方的一种尊重;正确的劳保穿着,本身就是一种示范力

注意在肢体语言沟通中,眼神居首位,其次才是微笑和点头。开放式的肢体语言,可以包括积极的目光配合、恰当的面部表情、赞许性的点头、身体稍微前倾等,不要采取胸前交叉、背着双手或插在衣服兜里等容易产生距离感或优越性的姿态。

在现场进行安全观察与沟通时，通常是站着说话，这时一些小的细节也要注意，如挺胸站立，体重应整个平衡地落在脚趾之间，收小腹，用起跑姿势和别人交谈，要留心下半身的姿势，如腿不要乱抖。有时不妨随意走动一下，走路要够自信。

问题8 谈话过程中，你可以利用哪些肢体语言____。[可复选]

A. 赞许性的点头

B. 恰当的面部表情

C. 积极的目光配合

D. 身体稍微后仰

眼睛是灵魂之窗。人的一切情绪、态度和感情的变化，都可以从眼睛里显示出来，眼神接触是身体语言沟通中第一重要的方法。与说话者保持一定的目光接触，显示正在倾听对方的讲话，可以实现各种情感的交流，可以调整和控制沟通的互动程度，可以传送肯定、否定、提醒、鼓励等信息。所以在沟通时你要眼神带着友好的情感，诚恳、专注、持续看着对方，不要翻白眼，不要眼睛乱飘，看对方两眼之间或鼻梁骨，有压迫感觉时可以看对方的前额。常对着镜中的你说："我喜欢我自己！"眼神就会带着关怀、诚恳的感觉。

> **名言警句** 爱默生：有许多隐藏在心中的秘密都是通过眼睛被泄露出来的，而不是通过嘴巴。

你要注意倾听时的表情，微笑可以缩短距离。在谈话过程中应始终表情友善，态度和蔼，诚恳谦虚，可利用点头、微笑、扬眉、注视等示意对回答很感兴趣，鼓励对方畅所欲言。同时还应注意观察对方的表情变化，以随时调整自己的姿态和表情。为了不打断谈话，还可以利用表情替代插话提问，如突然摇头、抵嘴、皱眉等，表示不理解或有异议，希望对方进一步说明。

问题9 你在谈话过程中应始终表情友善，态度和蔼，诚恳谦虚，可利用____等表情或动作示意对回答很感兴趣，鼓励对方畅所欲言。还可以利用表情替代插话提问，如_____等表情或动作，表示不理解或有异议，希望对方进一步说明。

同时，你也要注意留心对方的肢体语言给你的反馈信息，以便更好地应对。对方的面部表情会传递出不感兴趣、漠不关心、充满敌意、愁眉不展、麻木不仁、疲倦、负气、喜悦、懊恼、苦恼、疑惑、假装等信息。

肢体语言反馈信息解读

（1）点头表示同意；

（2）摇头表示否定；

（3）昂首表示骄傲；

（4）垂头表示沮丧；

（5）侧看表示不服；

（6）摊开手表示真诚、坦然、无可奈何；

（7）手挠后脑勺表示尴尬、为难、不好意思；

（8）轻轻抚摸下巴，在考虑做决定；

（9）双手叉腰表示挑战、示威、自豪；

（10）双臂交叉、肩膀上耸、身体后仰，表示无聊或不耐烦；

（11）两腿分开表示稳定和自信；

（12）两腿交叉表示害羞胆怯或不热情；

（13）双腿并拢表示正经、严肃和拘谨。

沟通时，空间距离代表亲疏：

◆ 密友空间：0.5米以下，只有感情亲密的人才被允许进入，如亲人、情侣；

◆ 个人空间：0.5~1.2米，亲切友好，只有相当亲近的人才能进入，如亲人、熟人、朋友、同事；

◆ 商务空间：1.2~2.1米，正式社交；

◆ 公开演讲：3.6米以上。

所以安全观察与沟通时，谈话者之间的距离最好保持在1.2米左右。事实上，以人们所处位置为中心的空间，以眼前为最大，左右及身后则相应缩小。在现实生活中，比如汽车上、列车上、飞机上，都采用一致向前的座位，以尽量避免面面相对的情况。所以在沟通过程中，面对面时距离要保持稍远一点为宜，如现场空间有限可以适当侧身,并肩而站时距离可以更近一些。

科学测试证明,当我们出现在别人面前的时候,7秒钟就形成了对你的第一印象。在沟通过程中,表情、眼神是影响对方对你有一个良好印象、产生对你信任、愿意与你合作的一个非常重要的因素。这就需要我们在沟通之前,做好充分的准备,以便给对方留下很好的第一印象。

■ 表扬的技巧

"赞美"是成功沟通的秘诀。用心赞美和表扬你的员工,是你在日常安全观察与沟通中必须要学会的。美国一位著名社会活动家曾推出一条原则:"**给人一个好名声,让他们去达到它**"。事实上被表扬的人宁愿作出惊人的努力,也不愿让你失望。表扬能使他人满足自我的需求。心理学家马斯洛需求层次论认为,荣誉和成就感是人的高层次需求。

一个人具有某些长处或安全行为,他还需要得到周围人的承认。如果你能真心实意地表扬,那么任何一个人都可能会变得更令人愉快、更通情达理、更乐于协作。因此,作为管理者,你应该努力去发现你能对属下加以表扬的小事,寻找他们的优点,形成一种表扬的习惯。

表扬下属是对下属的安全行为、所做工作给予正面的评价,表扬是发自内心的肯定与欣赏。表扬的目的是传达一种肯定的信息,激励下属,下属有了激励会更有自信,想要做得更好。表扬下属作为一种沟通技巧,也不是随意说几句恭维话就可以奏效的。事实上表扬下属也有一些技巧及注意点,提醒你留意。

卡耐基沟通的艺术

不伤感情而改变他人的九大技巧

(1) 如果必须提出批评,请从这里开始。

用赞美的方式开始,就好像牙科医生用麻醉剂一样,病人仍然要受钻牙之苦,但麻醉剂却能消除这种痛苦。

(2) 如何批评而不招怨恨。

当面直接批评别人，只会引起对方的强烈反感；而巧妙地让对方注意到自己的错误并加以指正，会有非常神奇的效果。

(3) 先谈自己的错误。

如果批评者从一开始就先谦逊地承认自己不是无可指责的，然后再指出别人的错误，那么情形就会好很多。

(4) 没有人喜欢接受命令。

不要动不动就给别人下达"命令"，也不要告诉对方如何去做，这样不但能维持对方的自尊，而且能使他乐于改正错误，积极合作。

(5) 使对方保住面子。

几分钟的思考、一两句体贴的话、对对方态度的宽容，对于减少这种伤害都大有帮助！世界上任何真正伟大的人，其伟大之处正在于绝不将时光浪费在对个人成就的自我欣赏中。

(6) 如何鼓励别人走向成功。

假如你我愿意鼓励每一个我们所接触的人，使他们认识并挖掘自己所拥有的内在宝藏，那么，我们不仅可以改变他本人，甚至可以使他脱胎换骨。

(7) 送人一顶高帽子。

如果你希望某人具备一定美德，你可以认为并公开宣称他早就拥有这一美德了(尽管可能的确没有)。给他一个好名声，送他一顶高帽子，让他去实现，他便会尽量努力，而不愿看到你失望。

(8) 使错误更容易改正。

使对方知道你相信他有能力做好一件事，他在这件事上很有潜力可挖——那么他就会废寝忘食，努力把事情办得更好。

(9) 使人乐意做你所建议的事。

如果你想让别人乐意做你想要他去做的事，你就必须让他明白，他对你是多么的重要，而他自然也会在心中产生这种感觉，从而实现你的期望。

1. **表扬的态度要真诚**

   表扬下属必须真诚。每个人都珍视真心诚意，它是沟通中最重要的尺度。如果你与下属交往时不是真心诚意，那么要想安全观察与沟通取得成功是不可能的。所以在表扬下属时，你必须确认你表扬的人的确有此优点或良好的安全行为，并且要有充分的理由去表扬他。

2. **表扬的内容要具体**

   表扬要依据具体的事实评价，除了使用广泛的用语如"你表现得很好！""你很不错！"，最好要加上具体事实的评价。例如，"你的关于调整作业方式的建议，是一个解决目前问题的好方法，谢谢你提出对公司这么有用的想法"。

3. **注意表扬的场合**

   在众人面前表扬下属，对被表扬的员工而言，当然受到的鼓励是最大的，这是一个表扬下属的好方式；但是你采用这种方式时要特别慎重，因为被表扬的表现若不是能得到大家客观的认同，其他下属难免会有不满情绪。因此，公开表扬最好是能被大家认同及公正评价的事项。

4. **适当运用间接表扬的技巧**

   所谓间接表扬就是借第三者的话来表扬对方，这样比直接表扬对方的效果往往要好。比如见到下属，你对他说："前两天我和刘经理谈起你，他很欣赏你安全作业的方法，值得大家学习。好好努力，别辜负他对你的期望"。无论事实是否真的如此，反正你的员工是不会去调查是否属实的，但他对你的感激肯定会超乎你的想象。

   间接表扬的另一种方式就是在当事人不在场的时候表扬，这种方式有时比当面表扬所起的作用更大。一般来说，背后的表扬都能传达到本人，这除了能起到表扬的激励作用外，更能让被表扬者感到你对他的表扬是诚挚的，因而更能加强表扬的效果。

   所以，作为一名主管，不要吝惜对下属的表扬，尤其是面对你的领导或者他的同事时，恰如其分地夸奖你的下属，他一旦间接知道了你的表扬，就会对你心存感激，在感情上也会与你更进一步，你们的沟通也就会更加卓有成效。

   总之，表扬是人们的一种心理需要，是对他人敬重的一种表现。恰当地表扬别人，会给人以舒适感，同时也会改善与下属的人际关系。所以，在沟通中，我们必须掌握表扬他人的技巧。

> **自我测试**
>
> 你在表扬下属时是否方法得当？
>
> 表 5-5　表扬下属方法测试表
>
> | 表扬下属的要点 | 是√ 否 × | 改进计划 |
> | --- | --- | --- |
> | 表扬的态度真诚 | | |
> | 表扬的内容具体 | | |
> | 表扬的场合适当 | | |
> | 运用间接表扬技巧 | | |

■ 指正的技巧

俗话说：金无足赤，人无完人。在我们的沟通活动中，往往会发现下属的缺点和不安全行为，当我们发现下属不安全行为时，及时地加以指正是很有必要的。有人说表扬如阳光，指正如雨露，二者缺一不可，这是很有哲理的。你在与下属的沟通中，既需要真诚的表扬，也需要中肯的指正。下面我们就一起来探讨一下指正下属的技巧。

有人认为指正就是"得罪人"的事。所以有些主管从不当面指正下属，因而造成下属的不安全行为一直无法得到纠正。有些主管指正下属后，不但没有达到改善的目的，反而使下属产生更多的不平和不满。事实上，之所以会产生这样的后果，恐怕还在于我们在指正他人的时候缺乏技巧的缘故。"指正下属"也是与下属沟通的一种方法。因此，要讲究一些技巧。

1. 以真诚的表扬开头

一个人犯了错误，并不等于他一无是处。所以在指正下属时，如果只提他的不安全行为而不提他的安全行为，他就会感到心理不平衡，感到委屈。比如，一名员工平时工作颇有成效，偶尔出现一次不安全行为，如果只指正他的不安全行为，而不肯定他以前的成绩,他就会感到以前"白干了",从而产生抗拒心理。另外,被指正的人最主要的障碍就是担心受到批评或处罚,所以在指正前帮他打消这个顾虑,他就会主动放弃心理上的抵抗,对你的指正也就更容易接受。

2. **要尊重客观事实**

指正他人不安全行为的时候一定要客观具体,应该就事论事,要记住,你指正他人的不安全行为,并不是批评对方本人,千万不要把对下属不安全行为的指正扩大到了对下属本人的批评上。不要拿别人做对比,也不要动不动就翻旧账。也许他只是一次无意的过失,你却上升到了责任心的高度去批评他,很可能把他推到你的对立面去,使你们的关系恶化,也很可能导致他在今后的工作中出更多的纰漏。

3. **不要伤害下属的自尊与自信**

不同的人由于经历、知识、性格等自身素质的不同,接受指正的能力和方式也会有很大的区别。在沟通中,我们应该根据不同的人采取不同的指正技巧。但是这些技巧有一个核心,就是不损对方的面子,不伤对方的自尊。不要用难以改变的事实攻击对方,不要用粗俗的字眼。不要撕破别人的面子。指正是为了让下属更好,若伤害了下属的自尊与自信,下属势必难变得更好,因此指正时要运用一些技巧。例如,"我以前也会犯下这种过错……"、"你以往的表现都好于一般人,希望你不要再犯这样的错误"。

4. **友好地结束指正**

正面的指正下属,对方或多或少会感到有一定的压力。如果一次沟通弄得不欢而散,一定会增加对方的精神负担,产生消极情绪,甚至对抗情绪,这会为以后的沟通带来障碍。所以,每次的指正都应尽量在友好的气氛中结束,这样才能彻底解决问题。在会见结束时,你不应该以"今后不许再犯"这样的话作为警告,而应该对对方表示鼓励,提出充满感情的希望,比如说"我想你会做得更好"或者"我相信你",并报以微笑。让下属把这次见面的回忆,当成是你对他的鼓励而不是一次意外的打击。这样会帮他打消顾虑,增强改正错误、做好工作的信心。

5. 选择适当的场所

指正时最好选在单独的场合。每个人都会犯错，你要有宽广的胸襟包容下属的过失，本着爱护下属的心态，同时注意前面的几个要点。当下属需要指正时，不要犹豫，果敢地去做。正确、适时的指正，对下属、对单位都具有正面的功效。

自我测试

你在批评下属时是否方法得当？

表 5-6　批评下属方法测试表

批评下属的要点	是√　否×	改进计划
在友好、愉悦的气氛中开始谈话		
对事不对人，尊重客观事实		
指正时不伤害属下的自尊与自信		
友好地结束批评		
选择适当的场所		

第三节　人际风格沟通技巧

我们说"物以类聚，人以群分"，两个风格相似的人沟通时效果会非常好。我们在工作和生活中，都会遇见不同性格类型的人。只有了解不同人在沟通过程中不同的特点，才有可能用相应的方法与其沟通，最终达成一个完美的结果。

性格是一个人经常的行为特征，以及因适应环境而产生的惯性行为倾向，包括显性行为特征和隐性心理倾向。性格没有好坏之分，永远不要试图改变一个人，站在他人的立场去分析他的性格，不要把性格的弱势作为犯错误的理由或借口。

名言警句　《论语》：不患人之不己知，患不知人也。

见什么人说什么话，是你成功的法宝！这就需要和不同的人都要有一个很好的沟通技巧，这个技巧就是人际风格的沟通技巧。通过学习人际风格，会使我们同任何人沟通时都做到游刃有余。它使你不论是在生活还是在工作中，都会有个非常高的效率，不论与任何人沟通都会达到一个圆满的、共同的结果。

■ 人际风格的分类

人格特质在很深层次上影响着人们的处事态度和行为方式。把人格特质从四个纬度来分，这四个维度分别是人际和情感、事情和结果、主动和外向以及被动和内向。在人际风格沟通过程中，依据一个人在沟通过程中情感流露的多少，以及沟通过程中做决策的速度是否果断，可以把在工作和生活中遇到的所有人分为四种不同类型，即：支配型、表达型（活泼型）、分析型、和蔼型，见图5-7。

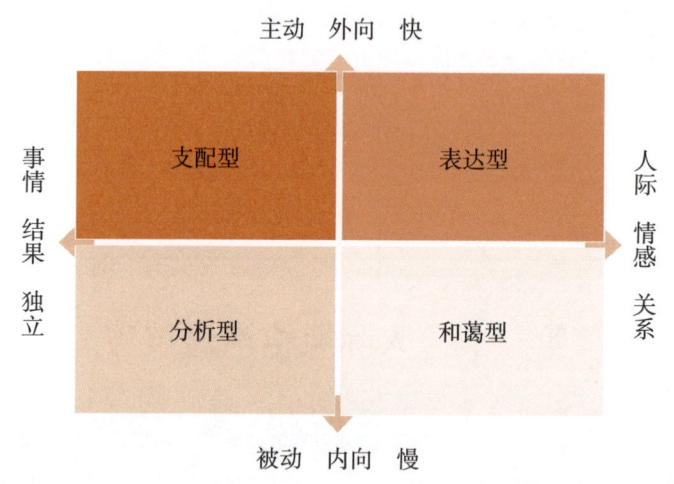

图5-7 人际风格的分类

要像熟悉自己的手掌一样熟悉你的员工。

在你进行安全观察与沟通的过程中，目的是为了让员工达成共同的看法，而你在工作中遇到的人不一样，你要和不同的人去沟通，要和不同的人达成一致，那么你就要了解不同人的特征。这四种不同类型的人在沟通中的反应是不一样的，你只有很好地了解不同人在沟通中的特点，尽管通常会偏重其中一两类，并且用与之相应的特点和他们沟通，才能够保证你在沟通过程中做到游刃有余，遇见什么人都能够达成共同的协议。

不同性格特征的不同表现

在人际关系沟通中，这四种不同人际风格的人有着不同的相互评价。分析型看表达型的缺点：丢三落四，做事毛毛躁躁，没计划，分析问题不够深刻，有时候爱夸海口，爱说大话，能忽悠，有点轻浮。表达型看分析型的缺点：死板，小心眼，钻牛角尖，不会拐弯，比较慢，固执，假清高，一般的人看不到眼里去。当然分析型也存在很多优点，如严谨、踏实、细心、计划做得好、会考虑风险。

每种类型的人需要的东西不一样，表达型的人喜欢做肢体接触，你拍拍他的肩膀，搂搂他，你推他一把，他觉得很亲热。而分析型的人，要的是陪伴，你要陪着他。也就是说不同性格的人，要的东西是不一样的，听的话也不一样。

面对表扬不同人际风格的人会有不同的表现，如有人对他说："你不在的时候，领导夸奖你了。"一般的人会觉得有点不太好意思。如果他是支配型的话，他的内心反应是："废话，我不是最棒的，谁是最棒的"。但嘴上却说"哪里哪里"。如果是表达型却会说："哎呀！好可惜，可惜我不在！"分析型的人，面对同样的夸奖，其内心反应是："我真的有那么好吗？"分析型的人心中有很多的怀疑。

■ 支配型的特征

支配型的人天生自信，坚定权威，对别人要求高，对自己无所谓。这类人做事又快又注重结果，一般认为要么按我说的干，要么就别干了。支配型不听话的人较多，如果你的下属当中，有一类人不太听话，你对他说你的观点、你的意见和你的安排，他口头说行行行好好好，回去该怎么干还是怎么干，这个人就是典型的支配型。其性格特点主要体现在以下几个方面：

◆ 在表象和社交方面表现为：自信、果断、坚定、独立、权威、快捷、强调效率、忽视人际、与工作无关的社交是浪费时间、讲实际、爱控制、说话直率、好争论、坚持己见、不道歉、义气。

◆ 在情感和身心方面表现为：工作型、生活在目标中、难放松、注重方向、烦躁、性急、强调价值观、说话快且有说服力、面部表情比较少、情感不外露、轻细节、有主见、审慎、行动力强、具有计划性、使用日历、主动创造、执着、争强好胜、越挫越勇、艺术性差、情感弱、缺乏耐心。

◆ 支配型人常用词汇有:"喂,你……","我告诉你……","为什么不能?","去","看我的","跟我走"。

◆ 支配型的人忽视人际关系,认为与工作无关的社交是浪费时间。也就是说,支配型的人非常强势,不喜欢听别人说话,仅他自己说就够了,不在乎你接受不接受,理解不理解,同意不同意,他只关注目标、业绩完成了没有。针对他们喜辩好斗的特点,你要学会控制自己的情绪,避免与其发生正面冲突。

名言警句 哈罗德·孔茨:有效的管理总是一种随机制宜的,或因情况而异的管理。

支配型的人最需要成就感和被感激。遇到支配型的人,你在和他们沟通的时候要注意:

◆ 注重准确、高效、时间性、条理性,你给他的回答一定要非常准确。你和他沟通的时候,可以问一些封闭式的问题,他会觉得效率非常高。

◆ 做决定时专注于掌握大方向、大重点和大原则。由于他们缺乏耐心,所以,你不要讲得太详细,要简明扼要。要在最短的时间里给他一个非常准确的答案,而不是一种模棱两可的结果。

◆ 允许他多发言,因为他们不是自甘落后、安于寂寞的人。你也不妨认同他们的观点,并感谢他们提出的问题,满足他们的控制欲,耐心倾听使其有受重视感。

◆ 对于支配型的人,要讲究实际情况,有具体的依据和大量创新的思想。尽量支持他们的目标和目的,要调动支配型员工的工作积极性可以用激将法。

◆ 同支配型的人沟通时,一定要非常直接,不要有太多的寒暄,直接说出你的来历,或者直接告诉他们你的目的,要节约时间。

◆ 说话的时候声音要洪亮,充满了信心,语速一定要比较快。如果你在这个支配型的人面前声音很小缺乏信心,他就会产生很大的怀疑。

◆ 在同支配型的人沟通时，不要纠缠于过程中的细节，而应最终落实到一个结果上，他们看重的是结果。

◆ 在和支配型人的谈话中不要感情流露太多，要直奔结果，从结果的方向说，而不要从感情的方向去说。

◆ 在与支配型的人沟通的过程中，要有强烈的目光接触，目光的接触是一种信心的表现。

如果你的下属是支配型，或者跟支配型员工沟通的时候，你一定不要跟他们较劲，而是要让他们自己跟自己较劲，"我就不信我做不好"。你别跟他们较劲，这是很重要的。

如果你是单纯的支配型，那么你的下属会感觉压力很大，就好像每天有人拿鞭子在后面抽他，在后面赶着他一直往前跑。支配型的领导人要记住，适当的关心下属，不能只关心事，这一点对你来说非常重要。

■ 表达型的特征

用一句俗话来说表达型就是，没心没肺，吃了就睡，今朝有酒今朝醉，对自己无所谓，对他人也无所谓，而且喜欢引起他人注意，俗话讲有点人来疯。表达型的人的能量是到处散发着的，是往外张扬着某种力量的"社会活动家"。其性格特点主要体现在以下几个方面：

◆ 在表象与社交方面表现为：乐观、外向、活泼、豪爽、好动、引人注意、大声、合群、直率、豁达、抑扬顿挫的语调、马虎、无条理、不注重细节、迟到、数字不敏感、多朋友、健忘、需要认同、先张嘴后思考、快速的动作和手势、热情、插嘴、新鲜感、故事大王、舞台高手。

◆ 在情感与身心方面表现为：生活在今天、心宽体胖、幽默、天真、长不大的孩子、沾火就着、不生气、喜道歉、好赞美、夸张、好夸海口、过度承诺、不记愁、积极、感染力、感性、艺术爱好者、外向情感、享乐型、非常乐于接受新事物。

◆ 表达型常用词汇有："管他呢"；"爽"；"用了、吃了、做了再说"。"可以，没问题"；

"保证……"；"绝对……；""最……"，"超……"。

　　人成年了以后，他很稳重，怎么判断他是不是表达型？有一个地方，这辈子他也藏不住，那就是眼神，表达型的人眼神总是左顾右盼，表达型的人周围的整个氛围是跳动的、活跃的。喜欢新鲜的东西，喜欢说不喜欢听，这是表达型最大的问题。说的太多而听的太少，这是表达型遇到最大的挑战。

　　在与表达型的人沟通时，你的情绪要饱满一点，讲话的声音语调要上扬，要讲远景、讲梦想、讲未来，要讲故事，要有情绪在里面，这是表达型爱听的。

　　表达型的人最需要别人的注意和认同。遇到表达型的人，你在和他沟通的时候还要注意：

◆ 在和表达型的人沟通的时候，你的声音一定相应地要洪亮，要有一些动作和手势，如果你很死板，没有动作，那么表达型的人的热情很快就会消失掉。

◆ 你要配合着他，当他做出动作的时候，你的眼睛一定要看着他的动作，否则，他会感到非常失望。

◆ 表达型的人特点是只见森林，不见树木。所以在与表达型的人沟通的过程中，你要多从宏观角度去说一说："你看这件事总体上怎么样"、"最后怎么样"。

◆ 最需要别人注意和认同，认可和表扬他们的努力。如果你夸奖表达型的人，你是最棒的，表达型心里的反应则是"英雄识英雄啊"。

◆ 表达型的人缺乏耐心，沟通时说话要非常直接，不要绕弯子。

◆ 表达型的人不注重细节，甚至有可能说完就忘了。所以达成协议以后，最好与之进行一个书面确认，这样可以提醒他。

◆ 表达型的人遇到问题时喜欢回避，在沟通当中，你一定要注意回到这个问题上，注意控制好谈话的主题。

◆ 不要直接进入分析，让他们参与讨论，尽量多开发一些共同观点，但要注意表达型的人讲话可能会特别多。

◆ 表现出对他们"个人"的兴趣，对他的外貌、创造性的思维、说服力和感召力及时给予认可或赞扬。

◆ 当你们达到共识后,应将细节罗列清楚,诸如什么事情、什么时候、如何落实等。

◆ 表达型的人心直口快的,做决定时也是一个比较干脆的人,沟通时容许他们谈论自己,并采用提问式的对话方式让他们"一吐为快"。

■ 分析型的特征

分析型的人特别爱分析,他先思考后发言。分析型的人标准较高,对自己要求高,对别人要求也高。分析型是这个世界上活得最累的一类人,这类人什么时候都在想事,什么都放不下,如果这个人不但分析而且支配,那么不但他累,周围的人都会跟着累。分析型还有个特点就是反应比较慢。分析型反应比较慢,不是说他的日常反应慢,是说他拐弯的速度比较慢。

分析型性格的主要特点是:周密矜持、严肃认真、柔韧拘谨、不苟言笑、精益求精、有条不紊、注重逻辑、语调单一、聪明敏感、语言准确、注意细节、缺乏决断、有计划有步骤、寡言的缄默、喜欢有较大的个人空间。

分析型的人常用的词汇有:"应该……";"不应该……";"不是的";"照规矩";"慢着";"等等";"让我想一想";"我认为……";"我的分析是……";"按道理来讲……";"主观上……,客观上……"。

与分析型沟通,情绪要中肯,别太饱满,太饱满的话他就觉得有点忽悠;讲话速度要慢,语调要向下沉,要很确定的样子,讲完一个观点以后要举出例子,拿出证据来证明这一点。

分析型的人最需要的是逻辑和体贴。我们遇到分析型的人,在和他们沟通的时候要注意:

◆ 话不要太多,但是要认真和准确,注重行动和行事方法,像他们一样认真一丝不苟。

◆ 重视逻辑、凡事都要精益求精,要有全面的、系统的、准确的、完善的准备工作。

◆ 注重科学性及合理性,注重细节,并对细节进行解释,同时解释如何产生结果。如果你不能体会到他们的心理，又拿不出有力的事实依据，沟通就很难成功。

◆ 提供坚实、切实的证据（不是哪个人的观点）来证明你是真实和准确的，使用这些数据来说服分析型的人是非常有效的。

◆ 针对他们性格中聪明敏感及缺乏决断的特点，不要急于要求做出决定，给他们时间进行思考和分析。

◆ 表扬他们的高效率、有组织和全面的考虑。遵守时间，尽快切入主题，不要有太多的眼神交流。

◆ 避免有太多身体接触，你的身体不要太多地前倾，应该略微后仰，因为分析型的人强调安全，尊重他的个人空间。

◆ 同分析型的人说话时，一定要用很多准确的专业术语，这是他要求的。

支配表达型的下属最怕与支配分析型的上级合作，假如支配表达型的下属花了两个小时认认真真写了一篇报告，交给领导，领导拿起来一看，半分钟便找了一大堆错误，如字体不对、行间距不对、排版不对、页码不对、没有图表、没有数据等问题，这个表达型的下属听了之后就可能直接崩溃。

也就是说支配表达型在支配分析型手下工作，就像生活在地狱里，但是有一点对于表达型来讲是好的，在分析型手下是一个很好的成长机会。一个人想做大事，总要有一些分析型，这个事才可能做大；如果一点分析型都没有的话，这个人做不了大事。

■ 和蔼型的特征

和蔼型和支配型相对，和蔼型用一句话来形容那就是随便，对别人不要求，对自己不苛求。和蔼型的人有个很好的能力，那就是他能整合周围的资源，而单纯的支配型总爱跟别人比，我比你强，他就不是整合，他就是要比较。和蔼型的人做领导，有一个优点：他会听人说话，让别人觉得他很尊重别人。

和蔼型性格的主要特点：内向、和平、和蔼可亲、沉稳随和、态度友好、休闲、耐心、轻松、赞同、缓慢、不喜变革、怯懦无刚、不愿引人注意、安静、稳定、善良、无侵害、朋友多、善于倾听、机智、幽默、能不开口尽量不开口、说话慢条斯理、旁观、调节矛盾、避免冲突、刻意和谐、声音轻柔、难以决定、面面俱到、和事佬、使用鼓励性的语言、办公室里有家人照片。

和蔼型人的常用词汇："随便啦"；"随缘啦"；"你说呢？""让他去吧"；"不要那么认真嘛"。

和蔼型的人表面和平而内心深处却需要尊重和有价值感。遇到和蔼型的人，你在和他们沟通的时候要注意：

◆ 和蔼型的人一般不会主动去表现自我，但其内心深处则渴望得到别人的认同，因此，沟通中，你要善于发掘其优点，让对方产生一种被尊重、有价值的感觉，由此而振奋起来。

◆ 和蔼型的人看重的是双方良好的关系，他们不看重结果。这一点告诉我们在和他们沟通的时候，首先要建立好关系。其随和易处、善于倾听的性格特点给了你达成沟通目标的机会。

◆ 同和蔼型的人沟通过程中，要时刻充满微笑。如果你突然不笑了，和蔼型的人就会想：他为什么不笑了？是不是我哪句话说错了？会不会是我得罪他了？等等，他会想很多。所以你在沟通的过程中，一定要注意始终保持微笑的姿态。

◆ 和蔼型的人有一个特征就是在办公室里经常摆放家人的照片，当你看到这个照片的时候，千万不要视而不见，一定要对照片上的人物进行赞赏，这是他最大的需求，一定要及时赞赏。

◆ 遇到和蔼型的人一定要时常注意同他要有频繁的目光接触。每次接触的时间不长，但是频率要高。三五分钟，他就会目光接触一次，但是不要盯着他不放，要接触一下回避一下，沟通效果会非常好。

◆ 和蔼型的人在做决定的时候会犹豫不决，总是喜欢等等看。要给他们创造一个轻松的环境，说话要比较慢，要注意抑扬顿挫，不要一次塞给他们太多的信息，不要给他们压力，应该多真诚地与之沟通，要鼓励他们，耐心去征求他们的意见，并引导及协助他们做出决定。

所以，遇着和蔼型的人要多提问："你有什么意见，你有什么看法"。问后你会发现，他们能说出很多非常好的意见，如果你不问的话，他们基本上不会主动去说。

> **趣味小练习**
>
> 　　分析唐僧、孙悟空、猪八戒、沙僧师徒四人的性格特征，判断他们分别属于哪一种类型？"桃园三结义"中的刘备、关羽、张飞又分别属于哪一种类型？"金陵十二钗"中的王熙凤、林黛玉、薛宝钗、李纨分别属于哪一种类型？
>
> 　　分析一下你自己的性格特征，属于哪一种类型或是具有哪几种类型的性格特征？可以试着先将你的下属按性格特征进行分类，在与之沟通时，尽量据其所具有的性格特征展开。如果你这样做了，你将会有惊奇的发现。

　　如果以上四种性格一定要讲哪种性格最好，那就是水的性格最好，有小桥流水的欢快，滴水穿石的坚韧，大江大河的磅礴，镜面一样的安详与平静，水治柔又治刚，它放到什么里面就是什么形状。

　　总之在沟通当中，我们要学会见人说人话，要用对方能够接受的方式进行沟通，一个成熟的性格在沟通当中表现出来的是弹性，需要你表现出什么性格，你就能表现出那种性格，这才是一个真正好的沟通方式。

　　没有完美的个人，只有完美的团队。了解自己，理解他人。理解是信任的基础，信任是沟通的前提。所以不论是支配型的人、分析型的人、和蔼型的人还是表达型的人，你变换自己的沟通特征与之相应，你与他人有多少共同点，将决定你与他人沟通的程度。你只需改变自己就可以达到契合，摹仿对方让自己与对方相似，成为同类。这样你就会给所有人留下一个好的印象，所有人都会觉得与你沟通非常愉快，唯有借助契合的能力，才能把下属凝聚在你的周围。这个就是我们学习人际风格沟通的一个目的。

■ 沟通视窗的运用

　　如果你要更进一步提高沟通技巧，还可以了解一下非常著名的"沟通视窗理论"

在实际沟通当中的运用。沟通视窗说明，当我们对"说"和"问"不同对待的时候，即说的多或者是问的多，那么就会让别人对你产生不同的印象，影响别人对你的信任。先看一下什么是沟通视窗理论，沟通视窗的信息分为四个区间，见图5-8。

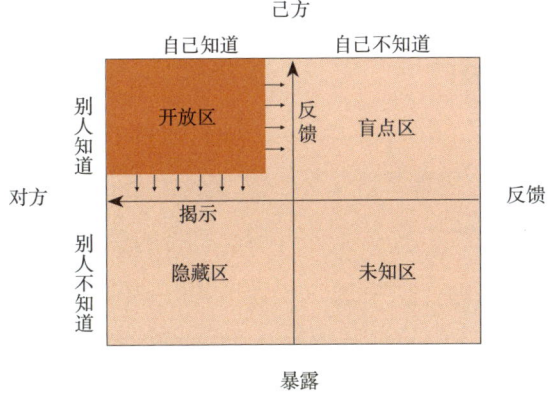

图5-8 沟通视窗图

沟通视窗的测试做法，基于一种基础，他认为每个个体都像是一栋拥有四个单间的房子。

◆ 第一个房间"开放区"：里面是透明的，自己和别人都可以看到，也就意味着这些是公开的，大家都知道的，没什么秘密可言。

◆ 第二个房间"隐藏区"：是你知道别人却不知道的东西，就好像每个人心里都有自己的秘密一样，隐私是很少有别人知道的。

◆ 第三个房间"未知区"：是自己和别人都不知道的，就好像一个人的潜意识很难被发现一样，自己都搞不清楚什么原因，别人也不知道，属于无意识和潜意识的内容。

◆ 第四个房间"盲点区"：是自己不知道而别人却知道的，好比你在别人心目中的形象，自己不是很清楚，但是别人有别人对你的印象或看法。

四个房间的内容和不足都很清楚，你可以借助这样的方式来分析自己，多请自己的亲人、朋友真实地谈论对你的了解和看法，然后结合自身实际辨别自己的内心世界和个性。其实了解自己不难，只要我们深入分析，发现自己的内心世界和外在行为的细节，分析缘由，抓住本质就可以解决实际问题。了解自己非常重要，没有对自己的了解，便无从发展自己，无从完善自己，无从了解别人，无从帮助别人……很多事情都不能做，也做不好。因此我一直说了解自己最重要！大家可以通过这样的方式去了解自己、分析自己。

1. 在公开区的运用技巧

你的信息你知道，别人也知道，这会给人什么样的感觉呢？善于交往的人、非常随和的人。这样的人容易赢得别人的信任，愿意与你进行合作性的沟通。要想使你的公开区变大，就要多说，多询问，询问别人对你的意见和反馈。

这从另一个侧面告诉我们，多说、多问不仅是一种沟通技巧，同时也能赢得别人的信任。如果想赢得别人的信任，就要多说，同时要多提问，寻求相互的了解和信任，因为信任是沟通的基础。

2. 在盲点区的运用技巧

如果一个人的盲区最大，那他会是一个什么样的人？是一个不拘小节、夸夸其谈的人。他有很多不足之处，别人看的见，他却看不见。造成盲区太大的原因就是他说的太多，问的太少，他不去询问别人对自己的反馈。所以在沟通中，不仅要多说而且要多问，避免盲区过大的情况发生。

3. 在隐藏区的运用技巧

如果一个人的隐藏区最大，那么关于他的信息，别人都不知道，只有他一个人知道。这是一个内心封闭的人或者说是个很神秘的人。这样的人我们对他的信任度是很低的。如果与这样的人沟通，那么合作的态度就会少一些。因为他很神秘、很封闭，往往会引起我们的防范心理。为什么造成他的隐藏区最大？是因为他问的多，说的少。他不擅长于主动告诉别人。

4. 在未知区的运用技巧

未知区大，就是关于他的信息，他和别人都不知道。这样的人，他不问别人对自己的了解，也不主动向别人介绍自己。封闭使他失去很多机会。所以每一个人要尽可能缩小自己的未知区，主动地通过别人了解自己，主动告诉别人自己能够做什么。

自我测试

在你的所有信息中，哪个区域的比例最大？并制定一个改进计划。

表 5-7　自我测试表

沟通视窗	自我推测	改进计划
公开区		
盲点区		
隐藏区		
未知区		

本章练习解答

问题 1　语言，肢体语言

问题 2　说、听、问

问题 3　插话开导，引导

问题 4　A B G H I J

问题 5　A B C D E F G H

问题 6　A

问题 7　B

问题 8　A B C

问题 9　点头、微笑、扬眉、注视、摇头、抿嘴、皱眉